外加约束钢管混凝土构件试验与本构理论研究

Experimental and Theoretical Research on Externally Confined CFST Columns

赖勉亨　何正铭（Ho Ching Ming Johnny）　著

中国建筑工业出版社

图书在版编目（CIP）数据

外加约束钢管混凝土构件试验与本构理论研究＝
Experimental and Theoretical Research on
Externally Confined CFST Columns/赖勉亨，何正铭
（Ho Ching Ming Johnny）著. —北京：中国建筑工业
出版社，2021. 9（2022.9重印）
　　ISBN 978-7-112-26511-4

　　Ⅰ．①外…　Ⅱ．①赖…②何…　Ⅲ．①钢管混凝土结
构-研究　Ⅳ．①TU37

中国版本图书馆 CIP 数据核字（2021）第 177022 号

　　本书围绕我国工程建设的重大需求以及节能减排的基本国策，以绿色建筑和建筑工业
化为立足点，提出采用钢环、钢螺旋以及钢夹套等外加约束，并通过试验和理论分析证明
外加约束能有效地提高钢管混凝土的力学性能，对于钢管混凝土组合结构具有重要的工程
意义与研究价值。全书共分六章，主要内容包括：绪论、试验研究及试验现象分析、轴心
受压钢管混凝土构件工作机理、钢管混凝土构件的本构模型、参数分析及设计方法、总结
和展望。

　　本书可作为高等院校结构工程及钢管混凝土组合结构工程专业研究生的教学参考书，
也可供组合结构技术人员、管理人员进行工程设计、生产制造和开发应用时参考使用。

　　责任编辑：辛海丽
　　责任校对：姜小莲

外加约束钢管混凝土构件试验与本构理论研究
Experimental and Theoretical Research on
Externally Confined CFST Columns
赖勉亨　何正铭（Ho Ching Ming Johnny）　著

*

中国建筑工业出版社出版、发行（北京海淀三里河路 9 号）
各地新华书店、建筑书店经销
唐山龙达图文制作有限公司制版
北京建筑工业印刷厂印刷

*

开本：787 毫米×1092 毫米　1/16　印张：13¾　字数：340 千字
2021 年 9 月第一版　　2022 年 9 月第二次印刷
定价：**58.00** 元
ISBN 978-7-112-26511-4
（37868）

序

  《外加约束钢管混凝土构件试验与本构理论研究》一书通过作者及其团队近10年的试验、理论和数值分析研究，探明了外加约束钢管混凝土构件的工作机理。

  在本书中，赖勉亨博士和何正铭教授创新性地提出了两种钢管混凝土的外加约束形式，即：钢环及夹套，用以提升钢管混凝土构件的强度、刚度及延性并通过大量的试验验证了所提出外加约束的有效性。此外，建立了一个精准的被动约束混凝土本构模型。在此基础上，创建了外加约束钢管混凝土构件全过程荷载位移曲线，最后提出构件的承载力及延性统一设计理论，实现了构件力学性能提升的可控设计。

  我非常愿意将本书推荐给结构工程及钢管混凝土组合结构工程专业的研究生，以及组合结构技术人员、管理人员进行工程设计、生产制造和开发应用时参考使用。

S. Kitipornchai 教授
Engineering Structures 期刊总主编
2019，2020 科睿唯安高被引学者（交叉学科领域）
澳大利亚工程院院士

Preface

Experimental and Theoretical Research on Externally Confined CFST Columns provides an easy-to-understand, integrated and comprehensive treatment of the behaviour, analysis and design of externally confined CFST columns through the latest tests' results and analytical models developed in the recent 10 years.

In this book, Dr. Lai and Prof. Ho proposed external confinement in forms of steel rings and jackets to enhance the strength, stiffness and ductility of CFST columns, the effectiveness of which has been verified by the vast amount of tested CFST specimens. Besides, a precise passive confined concrete model has been developed. The overall load-deformation behavior of CFST columns can be simulated by using the newly proposed confined concrete model, steel model and the physical interaction of confinement and concrete. Extensive parametric study has been carried out for studying the effects of various material and geometrical factor on the strength and deformability of CFST columns under compression. The results are useful for the strength and ductility design of uni-axially loaded CFST columns.

It is highly recommended for postgraduate research students, academics and professional practising engineers working on composite structures concrete structures.

Professor S. Kitipornchai, PhD, FTSE
Editor-in-Chief, Engineering Structures
Highly Cited Researcher (Cross Field) 2019, 2020, Clarivate
Fellow, Australian Academy of Technology and Engineering

前　言

钢管混凝土组合结构在受力过程中，钢管对核心混凝土产生约束效应，大大地提高了混凝土的强度和刚度，更重要的是，改善了混凝土的脆性，使得组合结构具有较好的能量吸收能力与抗震性能。一方面，核心混凝土可以抑制钢管的局部屈曲变形，延缓组合结构的屈曲破坏，保证钢管的材料性能能够充分发挥；另一方面，钢管可作为建筑模板，混凝土直接浇筑其中，省去了模板工程，且在养护过程中，混凝土在钢管内得到很好的保护，有效保证了组合结构的施工质量。这种组合结构发挥钢管与混凝土各自优势，同时又互相弥补彼此的缺陷，呈现出高承载及高延性的优异工作性能，因此被广泛地应用在工业厂房、超高层建筑、超长跨桥梁和复杂地下结构等各大工程建设领域，并取得了巨大的经济和社会效益。

然而，由于混凝土的泊松比在 0.16～0.2 之间，钢材的泊松比约为 0.3，在弹性阶段，钢管的横向变形要大于核心混凝土的横向变形，再加上混凝土自身的收缩徐变，在受压前期易出现脱空现象，无法充分发挥组合结构的优势；在塑性阶段，由于钢管的向外局部屈曲变形，导致相应的约束应力减小。这两方面影响了钢管混凝土组合结构的强度、刚度与延性。此外，钢管混凝土组合结构的相互作用与钢管尺寸、钢管强度、混凝土强度及受力状态等因素息息相关，如何合理地预测这种相互作用一直是该领域的热点课题之一，也只有准确理解这种相互作用的效应才能保证钢管混凝土组合结构在实际工程中安全、可靠地应用。

相比于其他截面形式，圆钢管混凝土构件能提供较大且均匀分布的约束应力，充分了解其约束机理及力学性能演变规律对延伸至其他截面形式及其他荷载作用的相关研究至关重要。所以，本书基于节能减排、发展绿色建筑及推进国家的城镇化建设的出发点，创造性地研发了钢环与钢卡箍套箍加固技术（外加约束），以增强圆钢管混凝土的约束效应。通过 145 个试验，探明了外加约束、混凝土和钢管强度、试件径厚比以及初始损伤对其力学性能的影响；建立了考虑混凝土强度（低强至超高强）、纵向及环向应变、约束应力的约束混凝土的本构模型，推导了圆钢管混凝土构件的全过程应力-应变曲线，并与众多学者的试验对比以证明准确性。最后，利用理论分析模型，对影响其力学性能的基本参数进行了系统的分析和归纳，提出了基于性能的通用设计方法，为现有规程的修订提供了理论支撑。

本书是作者及其团队经过近 10 年的探索和研究所取得的成果，并先后得到过中国香港特别行政区自然科学基金面上项目（HKU712310E），澳大利亚国家自然科学基金面上项目（DP150102354），澳大利亚国家自然科学基金研究中心项目（IH150100006），中国国家自然科学基金青年科学基金项目（52008118）、面上项目（52078147），广州市教育局高校科研项目创新团队项目（202032886），广州市科技协会青年人才托举项目（X20200301054），广州市科技创新发展专项资金项目，广州市科学技术协会、广州市南山自然科学学术交流基金会、广州市合力科普基金会学术著作出版资助项目及广州大学

"百人计划"专项基金及其他各类科研项目的联合资助，另外还得到过不少来自工业界的支持和帮助，特此致谢！

作者诚挚地感谢所有为本书面世做出贡献的学生、同事及朋友。特别鸣谢：澳大利亚工程院院士、昆士兰大学 Sritawat Kitipornchai 教授，我国香港大学土木工程系关国雄（Albert K. H. Kwan）教授、杨发云（H. J. Pam）副教授给予了许多鼓励和帮助；国家钢结构工程技术研究中心香港分中心主任、香港理工大学土木及环境工程系钟国辉（K. F. Chung）教授，南京工业大学王璐教授，同济大学李凌志副教授，上海交通大学陈满泰助理教授提供了很多新的思路与想法。

科学是永无止境的，人们对科学问题的认识也在不断地深入。本书的一些论点仅代表作者当前对这些问题的认知，由于学识水平和阅历有限，其中难免存在不当或不足甚至谬误之处。随着研究工作的继续开展，某些论点会得到改进、充实和完善。因此，对本书的不当之处，敬请读者批评指正。

赖勉亨　何正铭（Ho Ching Ming Johnny）

2021 年 6 月

目　　录

1

绪 论

1.1 研究背景

    大力推进建筑节能和绿色建筑发展，是我国急需进行的社会工作之一，是加快生态文明建设、走新型城镇化道路的重要体现。混凝土和钢材，为我国城市化进程和大规模基础设施建设提供了坚实的物质保证。然而，传统的混凝土生产过程能耗大、污染重，严重制约了我国国民经济的可持续发展。此问题促进了我国现代混凝土技术的发展：通过添加适当的外加剂，C120 超高强混凝土可达到工业化生产的水平。与传统的混凝土材料相比，这种混凝土拥有更高的强度，可以有效降低碳排放量，提高空间利用效率。所以，作为绿色环保材料，超高强混凝土符合可持续发展的理念，在高层建筑、地下工程、港口及海洋工程等方面具有良好的应用前景。然而，相对于普通强度混凝土而言，超高强混凝土更容易产生脆性破坏（Kwan，2000，Paultre 等，2001；Lam 等，2009；Ho 等，2010），限制了其在实际工程中的应用。传统的钢筋混凝土可以在一定程度上提升高强混凝土的延性，但有以下几个缺陷：（1）拱起效应（Mander 等，1988），箍筋中间的核心混凝土无法得到有效的约束；（2）混凝土保护层无法得到约束，在地震等极端受力情况下容易剥落；（3）在混凝土保护层剥落后，箍筋无法有效地限制纵向钢筋的屈曲变形。为了约束超高强混凝土以达到结构延性的要求，需布置非常密集的箍筋，从而极大程度地影响混凝土的浇筑质量（Ho 和 Pam，2003）。

    为了进一步提升在实际工程中可使用的混凝土强度极限，一种有别于普通钢筋混凝土的结构形式，即钢管混凝土组合结构应运而生。此种结构在轴心受压时，由于钢管对核心混凝土的约束作用，使得核心混凝土的抗压强度提高；在约束应力达到某个阈值时，混凝土可以从脆性材料转变为延性材料，基本性能发生质的改变。同时，核心混凝土可以防止钢管过早地发生局部屈曲，提高钢管的稳定性，使得钢管混凝土具有更高的承载力、刚度和延性。实际工程中，钢管混凝土施工简便，钢管可以作为模板使用，从而减少了建筑材料，也大大缩短了工期。与纯钢结构相比，钢管混凝土防锈面积减少一半，抗锈蚀能力提高；而且管内填充的混凝土，在火灾时候能吸收大部分能量，故耐火能力也得到了较大的提升。综上所述，钢管混凝土在发挥钢管与混凝土各自优势的同时又互相弥补彼此的缺陷，这种 1+1>2 的组合效应，使得钢管混凝土有了更加优异的工作性能。正因为如此，钢管混凝土的应用越来越广泛。在国内，已被用在超高层建筑（深圳赛格广场大厦、广州电视塔、广州西塔等）、跨江大桥（重庆万州长江大桥、重庆奉节巫山长江大桥等）中（钟善桐，2006；韩林海，2007）；在国外，应用也非常广泛，实际案例包括：日本东京太平洋世纪广场丸之内大厦、日本名古屋市模式学园螺旋塔以及美国西雅图联合广场等。从绝大部分关于钢管混凝土的研究和应用可以看出，核心混凝土的强度一般都低于120MPa。这种 C120 钢管超高强混凝土的研究（Sakino 和 Hayashi，1991）仍然是学术和实际应用上的空白点，亟需完善。

在传统的圆钢管混凝土组合结构中，由于核心混凝土在硬化及养护过程中不可避免的收缩作用以及温度效应引起的变形（Lai 等，2020a；Lai 等，2021a）和在初始受压阶段混凝土与钢管的横向变形不一致（混凝土和钢管的泊松比不同，Persson，1999；Ferretti，2004；Lu 和 Hsu，2007），导致钢管在初始受力阶段的横向变形更大等原因，在受压前期，钢管和混凝土的界面将产生拉应力。当拉应力大于两者的粘结力时，就会产生界面脱空现象，减弱钢管对混凝土的约束效应，影响结构的力学性能。Giakoumelis 和 Lam（2004）通过试验研究，证明对于圆钢管高强混凝土柱，如果内钢管表面充分润滑（无粘结力），其承载能力下降 17%。Xue 等（2012）针对脱空现象进行了试验和理论研究，结果表明，有脱空的试件会产生更严重的局部屈曲，其承载力和延性都会有显著下降。其中，最大承载力下降 16.9%。Liao 等（2011）对带环向脱空缺陷的试件进行了轴压和受弯试验，结果表明，当环向脱空率过大时，混凝土有可能会在不受约束的情况下破坏，从而使得钢管混凝土柱的刚度与承载能力降低。如当环向脱空率达到 2.2% 时，轴心受压试件的极限承载力下降 29%；受弯试件的极限弯矩下降 34%。随后，廖飞宇等（2019）开展了环向脱空缺陷对试件在弯压扭复合受力作用下的抗震性能研究，并指出环向脱空缺陷的存在会改变试件在复杂受力作用下的破坏模态。在脱空率达到 4.4% 时，试件的极限承载力、等效刚度和累积耗能分别下降了 17.1%、18.0% 和 8.5%。还有报告指出，这种剥离倾向会影响薄壁钢管的稳定性（O'Shea 和 Bridge，2000），使其不能充分发挥屈服强度。作者开展了圆钢管混凝土柱脱空影响的数值分析研究，提出了计算钢管混凝土界面粘结应力的经验公式。当界面产生的拉应力大于粘结应力时，接触界面脱空，圆钢管与混凝土单独受力，无相互作用。通过数值分析并与试验结果对比发现，当使用薄壁圆钢管约束高强混凝土时，一方面，考虑界面脱空效应的试件约束应力较低，后期试件延性也较低，更能准确地预测试件的荷载-位移曲线（Lai 等，2020f）；另一方面，虽然核心混凝土的存在限制了圆钢管的向内屈曲，但是在塑性阶段，圆钢管的向外局部屈曲必然导致约束应力的降低，从而影响组合结构的强度、刚度和延性（Teng 等，2007a；Hu 等，2011）。此外，钢管混凝土组合结构的相互作用与钢管尺寸、钢管强度、混凝土强度及受力状态等因素息息相关，如何合理地预测这种相互作用一直是该领域的热点之一，也只有准确理解这种相互作用的效应才能保证钢管混凝土组合结构在实际工程中安全、可靠地应用。

为了解决上述问题，国内外的学者们在近年来展开了以下几个方面的研究。

1.1.1 添加膨胀剂或采用外加约束以充分发挥钢管与混凝土的组合效应

一般来说，现有两种主流方法来提升钢管和混凝土的界面粘合状态，以充分发挥钢管与混凝土的组合效应，从而提升钢管混凝土的力学性能。

1. 添加适量的膨胀剂

适量膨胀剂能使混凝土产生体积膨胀，可以有效补偿普通混凝土由于收缩徐变产生的变形，避免混凝土开裂。同时，反应所产生的膨胀产物可填充到混凝土内部空隙中，改变混凝土内部结构；膨胀混凝土在圆钢管混凝土组合结构中应用时，可以使混凝土处于预压状态，提高钢管与混凝土的适配性，防止钢管脱空，增加钢管对混凝土的约束应力，提高组合结构的力学性能（李悦等，2000；王湛，2001；李庚英和王湛，2002；Chang 等，2009a；Chang 等，2009b；Wang 等，2011；徐礼华等，2016；Cao 等，2017；徐礼华等，2017a；徐礼华等，2017b；Ho 等，2021）。因其加入后能引发核心混凝土的膨胀，补偿收缩徐变和温度变化带来的影响，同时还可以产生自应力（即膨胀产生的约束应力）。李悦等（2000）对膨胀剂掺量进行了试验研究，膨胀剂的掺量为水泥用量的0～20％。研究发现，当膨胀剂掺量区间为0～12％时，圆钢管混凝土的极限强度随着膨胀剂的增加而增加。然而，当掺量为20％时，圆钢管混凝土的强度、刚度都比少掺量的试件要小。故最佳的膨胀剂掺量约为12％，且此时圆钢管膨胀混凝土的极限强度较钢管普通混凝土可以提高约7％。为了深入研究添加膨胀剂后增强功效的机理，王湛（2001）和李庚英、王湛（2002）等通过电镜分析测试了膨胀混凝土的微观结构特征。测试结果表明，当膨胀混凝土允许自由膨胀时，加入少量的膨胀剂可以缓解混凝土的收缩徐变，当加入过量的膨胀剂时，混凝土强度反而下降。然而，在圆钢管膨胀混凝土中，由于钢管的约束作用，大量的膨胀组分被迫向混凝土内部生长，填充了混凝土的空隙，大幅度降低空隙率，减小孔径尺寸，使内部结构更加紧密，故此时的核心膨胀混凝土的性能要优于普通混凝土。Wang 等（2011）通过试验研究了膨胀剂掺量为水泥用量12％的钢管膨胀混凝土的时间效应，在徐变分析中，试验结果显示膨胀混凝土约残余80％的强度，较普通混凝土要大30％～40％。Chang 等（2009a）通过试验，得出了在偏心受压状态时，钢管膨胀混凝土柱的承载力要高于钢管普通混凝土柱。Chang 等（2009b）分析了17个钢管膨胀混凝土柱和3个钢管膨胀混凝土柱的粘结承载力，结果表明，试件的几何尺寸和混凝土的配比同时影响着钢管混凝土的界面粘结力；通过试件的推出试验可以发现，钢管膨胀混凝土的界面粘结力是钢管普通混凝土的1.2～3.3倍。徐礼华等（2017a）通过试验研究了17根圆钢管膨胀高强混凝土（混凝土轴心抗压强度最高72.5MPa）短柱的轴心受压性能，试验参数为套箍指标、自应力（膨胀剂在约束条件下对混凝土产生的约束应力）、混凝土强度等因素。试验结果表明：在钢管内浇筑高强膨胀混凝土，不但可以补偿混凝土因收缩徐变产生的体积减小，而且钢管的约束可以明显改善高强混凝土的脆性；当套箍指标从0.548增加到0.846时，柱子的承载力提高13％～21％；当混凝土强度增加时，柱子的承载力也会提高；而自应力对柱子承载力的影响呈二次抛物线分布。通过对16根圆钢管自密实高强膨胀混凝土中长柱的轴心试验，徐礼华等（2016）得出了以下结论：圆钢管自密实高强膨胀混凝土中长柱的破坏形态与普通圆钢管高强混凝土相似；圆钢管自密实高强膨胀混凝土中长柱的极限承载力随着自应力的增加而增加，当自应力为5MPa时，承载力较普通圆钢管高强混凝土提高19％。试验证明，适量膨胀剂能较大程度地提升圆钢管混凝土中长柱的强度与延性。除此之外，徐礼华等（2017b）通过24个试件的偏压试验研究了柱子的偏心受压性能，并分析了偏心距，自应力以及长径比对偏心承载力的影响；试件的承载力随着长径比或者偏心距的增加而降低，随着自应力的增加而增加。当自应力为5MPa时，极限承载力提高11.7%。Cao等（2017）通过试验研究了膨胀剂对纤维增强聚合物（fiber-reinforced polymer，FRP）约束实心混凝土，FRP约束钢管混凝土及FRP-混凝土-中空夹层钢管柱的影响。结果表明，添加了膨胀剂后，试件都能产生一定程度的自应力并且强度也有了一定的提升。作者曾进行10根钢管混凝土及中空夹层钢管混凝土短柱的轴压试验，试验参数为膨胀剂的掺量、钢管尺寸以及中空夹层钢管混凝土短柱的空心率。试验结果表明，普通混凝土在28d收缩应变为440$\mu\varepsilon$，膨胀混凝土的膨胀应变在初凝后5h达到530$\mu\varepsilon$，而后在28d达到775$\mu\varepsilon$。所以，钢管膨胀混凝土与中空夹层钢管膨胀混凝土短柱在轴心受压前都能产生一定程度的自应力，从而提高了短柱的强度和刚度（Ho等，2021）。尽管上述的研究证明了在添加适量的膨胀剂的情况下可以提高钢管混凝土的界面粘结力，从而提升钢管混凝土的极限强度。然而，应该注意的是，添加膨胀剂并不能增大混凝土的泊松比，换句话说，在初期受压阶段，钢管的横向变形仍然比混凝土要大，从而将降低钢管膨胀混凝土组合结构的强度、刚度及延性。

2. 采用外加约束

这种方法又可以细分为：

（1）采用内部约束

内部约束可以提升钢管混凝土的界面粘结力、强度和延性，但并不能提升对核心混凝土的约束应力。目前主要有以下几种内部约束的形式：①在钢管的内表面焊接纵向钢带，见图1.1（Ge和Usami，1992；Kitada，1998；Tao等，2005；Dabaon等，2009；Tao等，2009）。试验结果表明，纵向钢带可以有效地减小核心混凝土的收缩效应、增强钢管与混凝土的界面粘结力及通过改变钢管的局部屈曲模态（图1.2）来有效地延缓试件的屈曲变形。而且，钢带可以承受部分

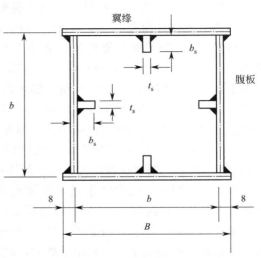

图1.1　钢管内的纵向钢带示意图
（Ge和Usami，1992）

纵向荷载。故焊接纵向钢带可以提升钢管混凝土和空心钢管构件的承载力。然而，纵向钢带对试件延性的提升效应微乎其微，且在局部屈曲发生后，试件强度将大幅下降。②在钢管内安装剪力连接件（图1.3）（Shakir-Khalil，1993；Kitada，1998；De Nardin和El Debs，

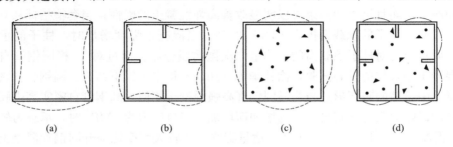

（a）　　　　　　　（b）　　　　　　　（c）　　　　　　　（d）

图1.2　焊接纵向钢带后，试件的屈曲模式(Tao等，2005)
（a）空心钢管构件；（b）加固空心钢管构件；（c）钢管混凝土构件；（d）加固钢管混凝土构件

2007)。从一系列的推出试验可以看出（De Nardin 和 El Debs，2007），由于剪力连接件可以有效地将核心混凝土的受力传递到钢管上，故增加了剪力连接件后，混凝土的滑移减小，且界面粘结力大幅增加。所以，剪力连接件可以提高钢管混凝土的力学性能。③在剪力连接件的基础上，De Nardin 和 El Debs（2007）提出了一种新的约束形式，即剪切角，以改善钢管和混凝土的界面粘结性能（图 1.4）。与传统的剪力连接件相比，由于剪切角的刚度更大，所以剪切角能更有效地提升钢管和混凝土的界面粘结力以及减少混凝土的整体滑移。④Huang 等（2002）提出了在方钢管的四端焊接四根斜拉杆的形式来增强界面粘结（图 1.5）。从试验和数值研究的结果来看，通过适当地布置斜拉杆的间距，能有效地延缓试件的局部屈曲从而提升试件的力学性能。然而，从图 1.5 可以看出，斜拉杆的使用会使得整个安装复杂化，太密集的斜拉杆的使用也会影响混凝土的浇筑质量。⑤作为第①和②的强化方案，Petrus 等（2010）推荐使用加劲肋。从图 1.6 中可以看出，这种形式的加劲肋可以综合利用图 1.6(b) 中的纵向钢带和图 1.6(c) 中的剪力连接件的优点。通过推出试验（Petrus 等，2011）和轴压试验可以看出，加劲肋可以增加钢-混凝土的界面粘结力。随着加劲肋间距的减小，界面粘结力有所提升。更为重要的是，加劲肋能提升钢管混凝土构件的强度。此外，当间距超过一定程度，这种增强效果减弱，故间距不要超过 100mm 为佳。

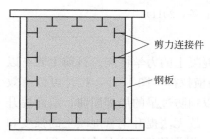

图 1.3　钢管内的剪力连接件
示意图（Kitada，1998）

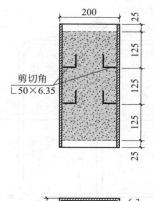

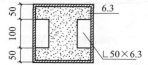

图 1.4　钢管内的剪切角示意图
（De Nardin 和 El Debs，2007）

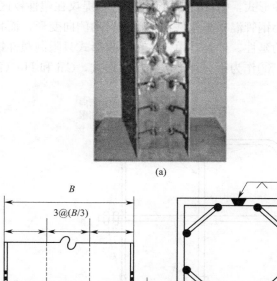

图 1.5　钢管四端焊接斜拉杆示意图（Huang 等，2002）

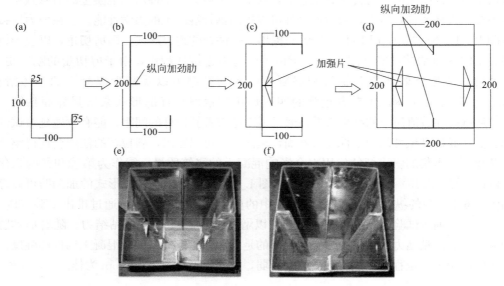

图 1.6　钢管内的加劲肋示意图（Petrus 等，2011）

（2）采用外部约束

提升对核心混凝土的约束应力，以进一步提升钢管混凝土的力学性能。目前主要有以下几种形式：①Hsu 和 Yu（2003）提议在塑性铰区安装横拉杆（图 1.7），拉杆可以有效地减小钢管混凝土构件在塑性铰区的侧向变形，而且可以预防过早的局部屈曲，从而提升试件的延性。但是，由于这种约束形式只限制塑性铰区，故无法提升钢管混凝土的强度和刚度。②作为第一种方法的优化形式，Cai 和 He（2006）提出使用正交约束杆（图 1.8）。

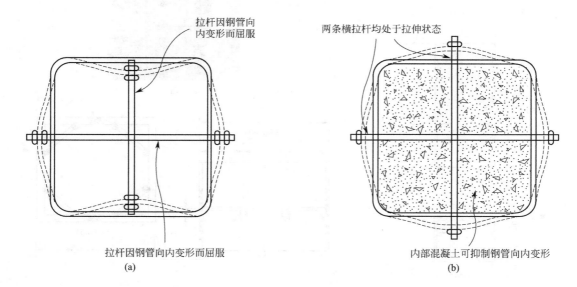

图 1.7　塑性铰区安装横拉杆示意图（Hsu 和 Yu，2003）

（a）空心钢管构件；（b）钢管混凝土构件

在单轴受压的情况下，方形钢管混凝土很容易在小应变时发生局部屈曲，从而导致试件的破坏。而且与圆形钢管混凝土不同，方管的约束应力主要为板弯曲而非膜式环向应力，只有在端点位置核心混凝土才有较大的约束力。故钢管混凝土的组合效应无法充分发挥，也因此方形钢管混凝土只能有较小的性能提升。使用约束杆的情况下，方钢的局部抗弯性能得到了提升，图 1.9 也指出了屈曲模式的改变。再有，约束杆可以给核心混凝土提供较大的约束力。所以，方钢管混凝

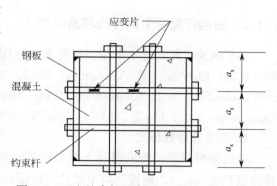

图 1.8 正交约束杆示意图 (Cai 和 He, 2006)

土的强度和延性有了较大的提高。然而，使用这种形式的约束杆会破坏钢管的整体性，容易在杆件处产生应力集中效应。而且安装约束杆需要焊接，可以从试件 C1 看出焊接的质量难以控制。③近年来，很多研究者（Xiao 等，2005；Hu 等，2011；Prabhu 和 Sundar-raja，2013）提出了使用 FRP 卷材来约束钢管混凝土。试验结果表明 FRP 卷材可以有效抑制钢管的局部屈曲，提升钢管的局部屈曲抗力。而且 FRP 卷材还可以给核心混凝土提供额外的约束应力，提升试件力学性能。但是，由于 FRP 卷材属于线弹性脆性材料，多数采用 FRP 卷材套箍的试件会突然在试件中部破坏，展现出较差的延性。这种约束形式还有其他缺陷，包括较贵的价格，较差的抗火能力以及较低的弹性模量-强度比等。

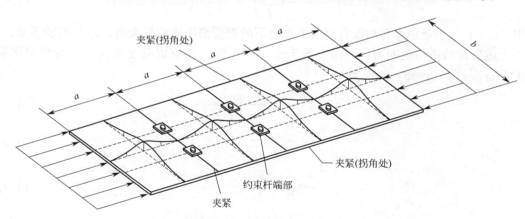

图 1.9 添加正交约束杆后的屈曲模式 (Cai 和 He, 2006)

综上所述，尽管采用内部约束可以提升钢管和混凝土的界面粘结力、延缓试件的局部屈曲，但在提升钢管混凝土的整体性能方面远不如采用外部约束。这是因为外部约束能同时增加对核心混凝土的约束应力而内部约束无此种效应。再者，安装内部约束较为困难，尤其是当柱子的尺寸较小的时候。多数安装过程需要焊接，会对钢管产生焊接残余应力，从而影响钢管混凝土柱的延性。90% 以上的内部约束都是安装在方钢管上，对于圆钢管的探索是少之又少，那是因为在弧形表面上的焊接质量更加难以控制。此外，现有的外部约束的形式也存在或多或少的缺点。故本书将创新性地研发其他形式的外加约束以较好地提升钢管混凝土的力学性能。

1.1.2 圆钢管混凝土构件的理论模型

除了试验研究，近年来很多研究者也在探索圆钢管混凝土构件的理论模型（Susantha 等，2001；Elremaily 和 Azizinamini，2002；Johansson，2002；Hu 等，2003；Sakino 等，2004；Han 等，2005；Ellobody 等，2006；Gupta 等，2007；Hatzigeorgiou，2008；Liang 和 Fragomeni，2009；Liu 等，2009；Teng 等，2013）。这些模型可以分为以下两类。

1. 不考虑加载历史

在这类模型里，约束混凝土的强度被一致认为和总约束应力 f_r 强相关，而 f_r 与钢管屈服强度（σ_{sy}），钢管混凝土的几何特征（外径 D_o 和厚度 t）以及/或者混凝土圆柱体强度（f'_c）有关，而与加载历史无关。

Susantha 等（2001）引用了 Tang 等（1996）的钢管混凝土约束应力模型。在这个模型中，为了预测钢管和混凝土的侧向膨胀系数，引入了经验系数 β_s、f_r 的计算公式如下：

$$f_r = \beta_s \frac{2t}{D_o - 2t} \sigma_{sy} \tag{1.1}$$

$$\beta_s = \nu_e - \nu_{s,max} = \nu_e - 0.5 \tag{1.2}$$

$$\nu_e = 0.2312 + 0.3582\nu'_e - 0.1524\left(\frac{f'_c}{\sigma_{sy}}\right) + 4.843\nu'_e\left(\frac{f'_c}{\sigma_{sy}}\right) - 9.169\left(\frac{f'_c}{\sigma_{sy}}\right)^2 \tag{1.3}$$

$$\nu'_e = \frac{0.881}{10^6}\left(\frac{D_o}{t}\right)^3 - \frac{2.58}{10^4}\left(\frac{D_o}{t}\right)^2 + \frac{1.953}{10^2}\left(\frac{D_o}{t}\right) + 0.4011 \tag{1.4}$$

式中，ν_e、$\nu_{s,max}$ 分别为有和没有混凝土填充下的钢管泊松比的最大值；ν'_e 是经验系数。

上述公式的适用范围为：f'_c/σ_{sy} 等于 $0.04 \sim 0.20$。约束混凝土的应力应变模型则采用了 Mander 等（1988）的模型：

$$f_{cc} = f_{ccp}\frac{xr}{r - 1 + x^r} \tag{1.5}$$

$$x = \frac{\varepsilon_z}{\varepsilon_{cc}} \tag{1.6}$$

$$r = \frac{E_c}{E_c - f_{ccp}/\varepsilon_{cc}} \tag{1.7}$$

$$\varepsilon_{cc} = \varepsilon_{co}\left[1 + 5\left(\frac{f_{ccp}}{f'_c} - 1\right)\right] \tag{1.8}$$

式中，f_{cc}、ε_z 分别表示约束混凝土的轴向压缩应力和应变；E_c 是混凝土的弹性模量；ε_{cc}、ε_{co} 分别表示达到峰值应力时，约束混凝土和素混凝土的应变。约束混凝土的峰值应力 f_{ccp} 可以通过下述公式得到：

$$f_{ccp} = f'_c + 4.0f_r \tag{1.9}$$

值得注意的是，以上约束混凝土的应力应变模型仅仅适用于从应力为 0 至峰值应力。超过峰值应力对应的应变范围，应力-应变曲线假设为线性关系至残余应力，而线性的斜率则与 f'_c、σ_{sy}、D_o 以及 t 有关。

Elremaily 和 Azizinamini（2002）通过自由体受力图，得出了 f_r 与钢管的环向应力

$\sigma_{s\theta}$ 的关系（忽略钢管厚度），根据试验结果进行拟合，得到在钢管混凝土轴心受压时，$\sigma_{s\theta}/\sigma_{sy}$ 为 0.1。关于钢管的本构模型，由于忽略了钢管厚度，钢管处于纵向受压而环向受拉的平面应力状态，应力-应变曲线假设为线弹性-理想塑性模型，而弹性阶段与塑性阶段的分界点则取决于 Von Mises 屈服模型。

基于实验结果，Hu 等（2003）提出了 f_r、σ_{sy}、D_o 和 t 的经验公式：

$$f_r/\sigma_{sy}=\begin{cases}0.043646-0.000832(D_o/t) & 21.7\leqslant D_o/t\leqslant 47 \\ 0.006241-0.0000357(D_o/t) & 47\leqslant D_o/t\leqslant 150\end{cases} \tag{1.10}$$

然而，公式(1.10) 仅由 6 个试验数据得来，数据量不够大导致结果难以准确预估其真实行为。所以，为了得到更加精准的关系，需要更多更全面的试验数据。关于混凝土模型，ε_{cc} 由公式(1.8) 计算得来，而 f_{ccp} 则通过下述公式计算：

$$f_{ccp}=f_c'+4.1f_r \tag{1.11}$$

混凝土受轴压的全过程应力-应变曲线采用的是 Saenz（1964）模型：

$$f_{cc}=\frac{E_c\varepsilon_z}{1+(R+R_E-2)\left(\dfrac{\varepsilon_z}{\varepsilon_{cc}}\right)-(2R-1)\left(\dfrac{\varepsilon_z}{\varepsilon_{cc}}\right)^2+R\left(\dfrac{\varepsilon_z}{\varepsilon_{cc}}\right)^3} \tag{1.12}$$

$$R=\frac{R_E(R_\sigma-1)}{(R_\varepsilon-1)^2}-\frac{1}{R_\varepsilon}=\frac{R_E}{3}-\frac{1}{4} \tag{1.13}$$

$$R_E=\frac{E_c\varepsilon_{cc}}{f_{ccp}} \tag{1.14}$$

当纵向应变 ε_z 小于峰值应力对应的应变 ε_{cc} 时，混凝土的应力-应变曲线由公式(1.12) 求得。当 ε_z 大于 ε_{cc} 时，应力-应变关系假定线性关系直至残余应力阶段。材料衰减系数 k_3 由下述公式求得：

$$k_3=\begin{cases}1 & 21.7\leqslant D_o/t\leqslant 47 \\ 0.0000339(D_o/t)^2-0.010085(D_o/t)+1.3491 & 47\leqslant D_o/t\leqslant 150\end{cases} \tag{1.15}$$

同理，k_3 也仅仅由 6 个试验结果决定，适用性并不广泛。混凝土全过程应力-应变曲线如图 1.10 所示。而钢管的应力-应变关系基本上采用了 Elremaily 和 Azizinamini（2002）的模型。

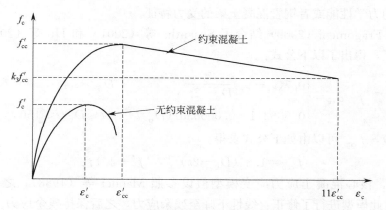

图 1.10　混凝土全过程等效应力-应变曲线（Hu 等，2003）

基于试验数据统计分析的结果，Sakino 等（2004）提出了 $\sigma_{s\theta}/\sigma_{sy}$ 的比值为 0.19。考虑到尺寸效应，f_{ccp} 由公式(1.16)计算可得：

$$f_{ccp}=1.67(D_o-2t)^{-0.112}f'_c+4.1f_r \tag{1.16}$$

Ellobody 等（2006）采用的约束应力与约束混凝土模型基本上与 Hu 等（2003）的一致，除了在其模型中，混凝土的轴向应力-应变曲线可以分为以下三个部分：（1）线弹性部分：从原点至比例极限应力 $0.5f_{ccp}$；（2）非线性部分：从 $0.5f_{ccp}$ 直至 f_{ccp}，由公式(1.12)计算可得；（3）下降部分从 f_{ccp} 到 $r_sk_3f_{ccp}$，其中（$r_sk_3f_{ccp}$）对应的应变为 $11\varepsilon_{cc}$，r_s 是从试验结果分析得来的折减系数：对于 30MPa 的混凝土，r_s 为 1.0；对于 100MPa 的混凝土，r_s 为 0.5。对于 30～100MPa 的混凝土，r_s 采用线性插值法进行计算。然而，这种修正可能会导致线弹性部分与非线性部分出现不连续的现象。最后，用三维有限元法模拟钢管混凝土的全过程力-位移曲线。

Gupta 等（2007）采用了 Elremaily 和 Azizinamini（2002）提出的 $\sigma_{s\theta}/\sigma_{sy}$ 为 0.1 的假设。他们建议采用 Mander 等（1988）提出的五参数多轴破坏面来定义 f_{ccp}：

$$f_{ccp}=f'_c\left(-1.254+2.254\sqrt{1+\frac{7.94f_r}{f'_c}}-2\frac{f_r}{f'_c}\right) \tag{1.17}$$

Hatzigeorgiou（2008）通过对 65 个实验数据的回归分析，得出了新的约束应力模型。其中，f_r 通过自由体受力图求得，而 $\sigma_{s\theta}$ 与 σ_{sy}、D_o 和 t 的关联性通过以下数学公式求得：

$$\frac{\sigma_{s\theta}}{\sigma_{sy}}=\exp[\ln(D_o/t)+\ln(\sigma_{sy})-11]\leqslant1.0 \tag{1.18}$$

此外，基于这 65 个试验数据，Hatzigeorgiou 提出了全新的三向受力状态下混凝土应力应变模型。这个模型分为以下三个阶段：上升阶段（由一个三次方程求得）、线性下降阶段以及常数残余应力阶段。在钢管的本构模型中，采用了 Von Mises 屈服定理。还考虑到钢材的应力强化效应，假设强化阶段以直线代替，斜率为初始弹性阶段的 0.25%，最终强度极限值为屈服应力的 1.25 倍。最后，采用一维纤维模型来模拟钢管混凝土柱的轴压全过程力位移曲线。相对于三维的有限元模型，纤维模型较为简单，但也还能有效地预测钢管混凝土柱受轴压情况下的力学性能。然而，一维纤维模型难以预测钢管混凝土柱偏心受压情况下的力学性能或者钢管混凝土梁的受力特征。

Liang 和 Fragomeni（2009）结合了 Susantha 等（2001）和 Hu 等（2003）的模型，进行适当修正，得出了以下公式：

$$f_r/\sigma_{sy}=\begin{cases}0.7(\nu_e-\nu_s)\dfrac{2t}{D_o-2t} & D_o/t\leqslant47 \\ 0.006241-0.0000357(D_o/t) & 47\leqslant D_o/t\leqslant150\end{cases} \tag{1.19}$$

考虑尺寸效应，f_{ccp} 可以由如下公式求得：

$$f_{ccp}=1.85(D_o-2t)^{-0.135}f'_c+4.1f_r \tag{1.20}$$

当 $\varepsilon_z<\varepsilon_{cc}$ 时，核心混凝土应力应变模型假设参照 Mander 等（1988）。之后，Liang 和 Fragomeni 对此模型进行了修正：线性下降至残余应力，之后保持残余应力。对于钢管的本构模型，Liang 和 Fragomeni 建议采用理想线性-弹塑性-塑性模型。

通过实验结果，Liu 等（2009）发现在平面应力状态时，钢管的纵向应力 σ_{sz} 只与 D_o 和 t 有关：

$$\sigma_{sz} = 1658(D_o/t)^{-0.54} \tag{1.21}$$

可以通过 Von Mises 屈服准则来计算出钢管的环向应力 $\sigma_{s\theta}$。而混凝土模型也是采用 Mander 等（1988）提出的模型。

可以看出，上述所有的模型都是基于约束应力为常数的假设。然而，显而易见，钢管混凝土在轴心压力作用下，钢管和混凝土之间产生了相互作用，故约束应力应在持续不断地变化。所以，采用这种假设是不正确的，当遇到高强钢管或者钢管的壁厚比较大时，会造成非常大的误差。

2. 考虑加载历史的相关模型

在这类模型中，约束应力或核心混凝土强度的变化趋势除了与上述因素有关外，还与加载历史，即纵向与环向应变息息相关。这类模型可以再细分为以下两种：

（1）核心混凝土强度直接经试验结果回归分析所得。典型的例子为 Han 等（2005）的模型。在此模型中，最重要的参数，即套箍系数（ξ）定义为：

$$\xi = \frac{A_s \sigma_{sy}}{A_c f_{ck}} \tag{1.22}$$

式中，A_s 和 A_c 分别是钢管和混凝土的截面面积。f_{ck} 是混凝土的特征强度，为混凝土立方体强度 f_{cu} 的 0.67 倍。核心混凝土的应力-应变关系由下述关系式决定。当 $\varepsilon_z < \varepsilon_{cc}$ 时，

$$\frac{f_{cc}}{f_{ccp}} = 2\frac{\varepsilon_z}{\varepsilon_{cc}} - \left(\frac{\varepsilon_z}{\varepsilon_{cc}}\right)^2 \tag{1.23}$$

当 $\varepsilon_z > \varepsilon_{cc}$ 时，

$$\frac{f_{cc}}{f_{ccp}} = \begin{cases} 1 + \dfrac{\xi^{0.745}}{2+\xi}\left[\left(\dfrac{\varepsilon_z}{\varepsilon_{cc}}\right)^{0.1\xi} - 1\right] & \xi \geq 1.12 \\[3mm] \dfrac{\dfrac{\varepsilon_z}{\varepsilon_{cc}}}{\beta_H\left(\dfrac{\varepsilon_z}{\varepsilon_{cc}} - 1\right)^2 + \dfrac{\varepsilon_z}{\varepsilon_{cc}}} & \xi < 1.12 \end{cases} \tag{1.24}$$

$$\frac{f_{ccp}}{f'_c} = 1 + (-0.054\xi^2 + 0.4\xi)\left(\frac{24}{f'_c}\right)^{0.45} \tag{1.25}$$

$$\varepsilon_{cc} = 1300 + 12.5f'_c + [1400 + 800(f'_c/24 - 1)]\xi^{0.2} \tag{1.26}$$

$$\beta_H = (2.36 \times 10^{-5})^{[0.25 + (\xi - 0.5)^7]} f'_c (3.51 \times 10^{-4}) \tag{1.27}$$

上述公式是由试验数据的回归分析所得，所以公式的准确性很大程度依靠试验数据的广泛性、采纳参数的完全性以及数学模型的合理性，但是这三者难以验证。关于钢管的本构关系，则采用单轴压的应力-应变模型，没有考虑到钢管的复杂应力状态和环向应力的变更。所以，这个模型难以精确预测钢管混凝土的真实应力-应变关系。因为约束混凝土模型与 ξ 有关，上述公式仅仅适用于钢管约束混凝土的情况。对于其他形式的约束混凝土，上述公式则无法适用。

（2）约束混凝土强度与总约束应力 f_r 息息相关，而 f_r 在受压过程中由于钢管混凝

土的相互作用，在不断变化。这类型的模型与主流的 FRP 卷材约束混凝土类似（Jiang 和 Teng，2007）。而使用这种模型的先决条件是：核心混凝土与约束材料（钢管）各自的应力-应变关系以及这两者之间的相互关系。在主流的 FRP 卷材约束混凝土的模型中，一个重要的假设是约束混凝土的应力-应变模型与加载路径无关。在这个假设的前提下，在约束应力一致时，被动约束混凝土，如 FRP 卷材约束混凝土或钢管约束混凝土在单调轴压作用下的纵向应力-应变关系应与主动约束混凝土（约束应力为常数）的一致。因此，主动约束混凝土的应力-应变关系适用于这类型的模型。此外，在小应变阶段，钢管可以假设为理想弹-塑性体，其复杂的三维本构关系简化为在弹性阶段采用广义胡克定律；而在塑性阶段，采用 Prandtl-Reuss 增量理论来模拟。可以想到，这类模型最重要的一步就是如何准确地预测钢管和混凝土的相互作用关系，即在钢管约束作用下，确定混凝土的横向变形。然而，混凝土的横向变形与纵向变形、约束应力以及混凝土的强度密切相关。经过很多研究者多年的努力，仍没有一个精准的模型来描述约束混凝土的横向变形。下面简单介绍部分研究者的成果［在以下分析中，因为混凝土受到均匀约束应力的作用（FRP 卷材或者钢管约束圆形混凝土），故其横向变形与环形变形完全一致］。

Johansson（2002）首先提出这类模型来模拟钢管混凝土构件的全过程力-位移曲线。在其模型里，主动约束混凝土模型采用的是 Attard 和 Setunge（1996）的混凝土应力应变模型。与其他模型相比，Attard 和 Setunge 的模型适用范围更广：混凝土强度从 20～130MPa，约束应力从 1～20MPa，如下所示：

$$\frac{f_{cc}}{f_{ccp}} = \frac{A(\varepsilon_z/\varepsilon_{cc}) + B(\varepsilon_z/\varepsilon_{cc})^2}{1 + (A-2)(\varepsilon_z/\varepsilon_{cc}) + (B+1)(\varepsilon_z/\varepsilon_{cc})^2} \tag{1.28}$$

A 和 B 是经验常数（与混凝土强度有关），而 f_{ccp} 和 ε_{cc} 则可以由下述公式表示：

$$f_{ccp} = f'_c \left(1 + \frac{f_r}{0.56\sqrt{f'_c}}\right)^{1.25(1+0.062f_r/f'_c)f'^{-0.21}_c} \tag{1.29}$$

$$\varepsilon_{cc} = \left(\frac{4.11f'^{0.75}_c}{E_c}\right)\left[1 + (17.0 - 0.06f'_c)\frac{f_r}{f'_c}\right] \tag{1.30}$$

两组常数 A 和 B 需要确定：一组用于这个公式的上升段而另一组用于下降段。

当 $\varepsilon_z < \varepsilon_{cc}$ 时，

$$A = \frac{E_c \varepsilon_{cc}}{f_{ccp}} \tag{1.31}$$

$$B = \frac{(A-1)^2}{0.55} - 1 \tag{1.32}$$

当 $\varepsilon_z > \varepsilon_{cc}$ 时，

$$A = \left(\frac{\varepsilon_j - \varepsilon_i}{\varepsilon_{cc}}\right)\left[\frac{\varepsilon_j f_i}{\varepsilon_i(f_{ccp} - f_i)} - \frac{4\varepsilon_i f_j}{\varepsilon_j(f_{ccp} - f_j)}\right] \tag{1.33}$$

$$B = (\varepsilon_i - \varepsilon_j)\left[\frac{f_i}{\varepsilon_i(f_{ccp} - f_i)} - \frac{4f_j}{\varepsilon_j(f_{ccp} - f_j)}\right] \tag{1.34}$$

$$\varepsilon_i = \varepsilon_{cc}\left[2 + \frac{2.5 - 0.3\ln(f'_c) - 2}{1 + 1.12(f_r/f'_c)^{0.26}}\right] \tag{1.35}$$

$$\varepsilon_j = 2\varepsilon_i - \varepsilon_{cc} \tag{1.36}$$

$$f_i = f_{ccp}\left[1 + \frac{1.41 - 0.17\ln(f_c') - 1}{1 + 5.06(f_r/f_c')^{0.57}}\right] \tag{1.37}$$

$$f_j = f_{ccp}\left[1 + \frac{1.45 - 0.25\ln(f_c') - 1}{1 + 6.35(f_r/f_c')^{0.62}}\right] \tag{1.38}$$

式中，ε_i 是曲线拐点处的应变，而 ε_j 则是在应力-应变曲线下降段选取的第二个点的应变。f_i 和 f_j 分别为对应 ε_i 和 ε_j 的应力。

关于混凝土与钢管的相互关系，Johansson（2002）采用了 Imran 和 Pantazopoulou（1996）的体积应变模型作为约束混凝土的横向变形模型。在初始阶段，体积应变与纵向应变呈线性关系。但当混凝土的初始裂缝产生后，这两者的关系呈非线性，且混凝土的横向变形的增加量要比纵向变形大得多。然而，这个模型的精准性难以保证。在初始弹性阶段，混凝土是弹性及各向同性的材料，可以采用广义胡克定律（Sadd 2014）来描述其应力-应变关系；但当裂缝产生后，混凝土变成各向异性且非均质材料，混凝土的弹性模量与泊松比产生变化，至少在纵向与横向应该用不同的公式来表示。这是 Johansson（2002）的模型没有考虑到的地方，因此 Johansson（2002）的模型虽然开创了钢管混凝土模型的先河，但其准确性有待提高。

Teng 等（2013）也采用了约束应力随着加载历史不断变化的模型来预测 FRP 卷材约束钢管混凝土构件的力学性能。他们采用了 Mander 等（1988）的主动约束混凝土模型，只是根据相关的试验数据，对 f_{ccp} 和 ε_{cc} 进行了调整：

$$f_{ccp} = f_c' + 3.5 f_r \tag{1.39}$$

$$\frac{\varepsilon_{cc}}{\varepsilon_{co}} = 1 + 17.5\left(\frac{f_r}{f_c'}\right)^{1.2} \tag{1.40}$$

Teng 等（2013）注意到在钢管混凝土柱受压的初始阶段，由于钢管与混凝土的泊松比不一致而导致核心混凝土受到了负约束力的作用，所以核心混凝土的微裂缝要比 FRP 卷材约束混凝土时产生得更多且更严重，致使在初始阶段，钢管约束混凝土的变形要比 FRP 卷材约束混凝土大。故 Teng 等（2013）基于试验数据，修改了原有的混凝土环向变形（ε_θ）模型（Teng 等，2007a），试验结果详见 Hu 等（2011）的论文。修正后的模型如下：

$$\frac{\varepsilon_z}{\varepsilon_{co}} = -0.66\left(1 + 8\frac{f_r}{f_c'}\right)\left\{\left[1 + 0.75\left(\frac{\varepsilon_\theta}{\varepsilon_{co}}\right)\right]^{0.7} - \exp\left[-7\left(\frac{\varepsilon_\theta}{\varepsilon_{co}}\right)\right]\right\} \tag{1.41}$$

从上述文献中可以看出，该模型能较好地模拟钢管填充普通强度混凝土时的受力全过程曲线。然而，因为 Mander 等提出的主动约束混凝土模型仅适用于普通强度混凝土，因此该模型对钢管约束高强混凝土的适用性还不确定。公式（1.41）仅仅由数十个有限的试验结果得出，需要更多的数据来验证其准确性。在该模型中，钢管考虑为平面应力状态，这个假设仅适用于薄壁钢管，然而，为了约束高强混凝土乃至超高强混凝土，需要使用壁厚较大的钢管。在这种情况下，钢管的平面应力状态不再适用，需要考虑更为复杂的三向受力应力-应变曲线。

综上所述，现有的模型在一定程度上可以预测钢管及混凝土的内力变化以及相互关系，但是，都各自存在缺陷。本书将着重使用该方法（约束应力随着加载历史不断变化）来开发模型，以适用于各类约束混凝土。

1.1.3 关于圆钢管混凝土构件的现行设计规范

鉴于钢管混凝土组合结构具有广阔的应用前景，近年来越来越多的设计规范相继出台，用以预测钢管混凝土构件的极限承载力，包括但不限于美国混凝土协会行业标准 ACI（1999），中华人民共和国电力行业标准 DL/T 5085—1999，欧洲规范 EC（2004），美国钢结构协会行业标准 AISC（2005）和中国工程建设协会标准 CECS 28：2012 等。简要介绍如下（根据时间关系排序），需要注意的是，在本书的分析中，这些规范所有的安全系数都设定为 1。

（1）美国混凝土协会行业标准 ACI（1999）

ACI 建议钢管混凝土构件的极限承载力计算公式参照钢筋混凝土执行，不考虑任何约束效应。ACI 的预测极限承载力 N_{ACI} 用以下公式表示：

$$N_{ACI} = 0.85 f'_c A_c + \sigma_{sy} A_s \tag{1.42}$$

（2）中华人民共和国电力行业标准 DL/T 5085—1999

该标准的设计公式参照钟善桐的统一理论，即把钢管混凝土构件看作是统一的整体，不区分钢管和混凝土。A_{sc} 和 f_{scy} 分别为这个统一的整体的截面面积与等效应力。以下是相关的设计公式：

$$N_{DLT} = f_{scy} A_{sc} \tag{1.43a}$$

$$A_{sc} = A_s + A_c \tag{1.43b}$$

$$f_{scy} = (1.212 + B_{DLT}\xi + C_{DLT}\xi^2) f_{ck} \tag{1.43c}$$

$$B_{DLT} = 0.1759 \frac{\sigma_{sy}}{235} + 0.974 \tag{1.43d}$$

$$C_{DLT} = -0.1038 \frac{f_{ck}}{20} + 0.0309 \tag{1.43e}$$

式中，N_{DLT} 是预测的极限承载力；B_{DLT} 和 C_{DLT} 分别是钢管和混凝土的系数；ξ 是套箍系数，详见式(1.22)。

（3）欧洲规范 EC4（2004）

因为在轴心压力作用下，钢管和混凝土产生了相互作用，故在 EC4 中，根据约束应力的不同，对核心混凝土的承载力进行调增，而对钢管的承载力进行调减，分别提出两个修正系数 η_c 和 η_a。EC4 的计算公式如下：

$$N_{EC4} = \left(1 + \eta_c \frac{t}{D_o} \frac{\sigma_{sy}}{f'_c}\right) f'_c A_c + \eta_a \sigma_{sy} A_s \tag{1.44a}$$

$$\eta_c = 4.9 - 18.5\bar{\lambda} + 17\bar{\lambda}^2 \geqslant 0 \tag{1.44b}$$

$$\eta_a = 0.25(3 + 2\bar{\lambda}) \leqslant 1 \tag{1.44c}$$

$$\bar{\lambda} = \sqrt{\frac{N_{plR}}{N_{cr}}} \tag{1.44d}$$

$$N_{plR} = f'_c A_c + \sigma_{sy} A_s \tag{1.44e}$$

$$N_{cr} = \frac{\pi^2 (EI)_{eff}}{l_{eff}^2} \tag{1.44f}$$

$$(EI)_{\text{eff}}=E_sI_s+0.6E_cI_c \tag{1.44g}$$

式中，N_{EC4}、N_{plR} 和 N_{cr} 分别表示 EC4 预测的极限承载力、塑性抗压强度和相关屈曲模态的弹性临界法向力；η_c 和 η_a 分别为混凝土和钢管的约束系数；l_{eff} 是柱的有效长度；E_s 和 E_c 分别是钢管和混凝土的弹性模量；I_s 和 I_c 分别为钢管和混凝土的截面惯性矩；$(EI)_{\text{eff}}$ 是试件的有效抗弯刚度。

（4）美国钢结构协会行业标准 AISC（2005）

对于不同的截面形状，AISC 允许使用不同的公式来计算钢管混凝土构件的极限承载力。对于方钢管混凝土，AISC 建议使用式（1.42）计算；而对于圆钢管混凝土，因圆形钢管的约束效应较强，故建议使用 0.95 替代 0.85 作为混凝土的强度系数：

$$P_{\text{no,AISC}}=0.95f'_cA_c+\sigma_{\text{sy}}A_s \tag{1.45a}$$

$$N_{\text{AISC}}=\begin{cases} P_{\text{no,AISC}}\left[0.658^{\left(\frac{P_{\text{no,AISC}}}{P_{\text{e,AISC}}}\right)}\right] & P_{\text{e,AISC}}\geqslant 0.44P_{\text{no,AISC}} \\ 0.877P_{\text{e,AISC}} & P_{\text{e,AISC}}<0.44P_{\text{no,AISC}} \end{cases} \tag{1.45b}$$

$$P_{\text{e,AISC}}=\frac{\pi^2(EI)_{\text{eff}}}{l_{\text{eff}}^2} \tag{1.45c}$$

$$(EI)_{\text{eff}}=E_sI_s+C_3E_cI_c \tag{1.45d}$$

$$C_3=0.6+2\left(\frac{A_s}{A_s+A_c}\right)\leqslant 0.9 \tag{1.45e}$$

式中，N_{AISC}、$P_{\text{no,AISC}}$ 和 $P_{\text{e,AISC}}$ 分别为 AISC 预测的极限承载力、零长强度以及试件的弹性屈曲荷载。

（5）中国工程建设协会标准 CECS 28:2012

在预测钢管混凝土构件的极限承载力时，通过套箍指标 θ_c 来充分考虑两者的组合效应。CECS 预测的极限承载力 N_{CECS} 可以用下述公式来表示：

$$N_{\text{CECS}}=\begin{cases} 0.9f_{\text{cu}}A_c(1+\alpha_c\theta_c) & 0.5<\theta_c\leqslant\theta_{c,\text{lim}} \\ 0.9f_{\text{cu}}A_c(1+\sqrt{\theta_c}+\theta_c) & \theta_{c,\text{lim}}<\theta_c<2.5 \end{cases} \tag{1.46a}$$

$$\theta_c=\frac{\sigma_{\text{sy}}A_s}{f_{\text{cu}}A_c} \tag{1.46b}$$

式中，α_c 是混凝土强度系数；$\theta_{c,\text{lim}}$ 是限制套箍指标。当 f_{cu} 小于 50MPa 时，α_c 和 $\theta_{c,\text{lim}}$ 的值分别为 2.00 和 1.00；当 55MPa$<f_{\text{cu}}<$80MPa 时，α_c 和 $\theta_{c,\text{lim}}$ 的值分别为 1.80 和 1.56。

（6）讨论和小结

很多学者（Schneider，1998；Giakoumelis 和 Lam，2004；Lu 和 Zhao，2010；Petrus 等，2010）通过研究发现，上述规范都难以精确得出钢管混凝土构件的极限承载力。美国混凝土协会行业标准 ACI 和美国钢结构协会行业标准 AISC 相对来说太过于保守，因其没有考虑任何的钢管混凝土约束效应。中华人民共和国电力行业标准 DLT 和欧洲规范 EC4，虽然考虑了约束效应，但仍然不够精准。至今为止，仅有少量的文献会对比中国工程建设协会标准 CECS。为了进一步验证这些设计公式的准确性，本书会组建一个较大的数据库并进行对比。需要注意的是，这些规范都有对混凝土与钢管强度以及截面几

何系数 D_o/t 的限制，见表1.1。

现行设计规范的参数适用范围

表 1.1

规范	σ_{sy} 的适用范围	混凝土抗压强度的适用范围	D_o/t 的适用范围
ACI	$\sigma_{sy} \leqslant 345$	$f_c' \geqslant 17.2$	$D_o/t \leqslant (8E_s/\sigma_{sy})^{0.5}$
DLT	$235 \leqslant \sigma_{sy} \leqslant 390$	$20 \leqslant f_{cu} \leqslant 80$	$20 \leqslant D_o/t \leqslant 100$
EC4	$235 \leqslant \sigma_{sy} \leqslant 460$	$20 \leqslant f_c' \leqslant 50$	$D_o/t \leqslant 90(235/\sigma_{sy})$
AISC	$\sigma_{sy} \leqslant 525$	$21 \leqslant f_c' \leqslant 70$	$D_o/t \leqslant 0.15(E_s/\sigma_{sy})$
CECS	$235 \leqslant \sigma_{sy} \leqslant 420$	$30 \leqslant f_{cu} \leqslant 80$	$20(235/\sigma_{sy}) \leqslant D_o/t \leqslant 135(235/\sigma_{sy})$

1.2 研究目的、方法和内容

钢管混凝土组合结构可以发挥钢管与混凝土各自的优势，同时又互相弥补彼此的缺陷，呈现出高承载及高延性的优异工作性能，且其还具有施工方便、耐火性能及经济效益好等优点，是在土木工程领域具有广泛应用前景的一种结构形式。钢管混凝土组合结构有如此优势的原因是钢管和混凝土的相互作用。然而，在弹性阶段，钢管的横向变形要大于核心混凝土的横向变形，再加上混凝土自身的收缩徐变，在受压前期易出现脱空现象，无法充分发挥组合结构的优势；另外，在塑性阶段，由于钢管的向外局部屈曲变形，导致相应的约束应力减小。这两方面致使钢管和混凝土的相互作用减弱从而影响了钢管混凝土组合结构的强度、刚度与延性。此外，此种相互作用与钢管尺寸、钢管强度、混凝土强度及受力状态等因素息息相关，如何合理预测这种相互作用一直是该领域的热点之一，也只有准确理解这种相互作用的效应，才能保证钢管混凝土组合结构在实际工程中安全、可靠地应用。

为了充分运用并合理预测钢管混凝土的相互作用，本书提出了两种钢管混凝土的外加约束形式，包括环约束（将钢环点焊在钢管外表面）和夹套约束（将不锈钢夹套通过拧紧的方式固定在钢管外表面），来提升钢管混凝土柱在轴心受压下的力学性能。为了验证以上两种外加约束形式的有效性，本书涵盖了 145 个试验，包括 40 个空心钢管构件（19 个使用外加约束，21 个无外加约束），105 个钢管混凝土构件（28 个无外加约束，69 个环约束和 8 个夹套约束），其中，14 个试件采用了超高强混凝土（混凝土圆柱体强度超过120MPa）。其次，通过试验数据及分析，将处于复杂应力状态下的钢管及混凝土的应力-应变曲线分解开来，对其内力变化以及相互关系进行了深入的探讨和研究。基于 145 个试件，本书提出了一个新的理论模型，分为 4 个部分：（1）一个全新的精准的约束混凝土环向应变方程；（2）修正后的 Attard 和 Setunge（1996）的主动约束混凝土模型；（3）精准的钢管三向本构模型；（4）核心混凝土、钢管以及外加约束的相互作用模型。本书还综合了几十篇文献，组建了一个超大型的数据库，对提出的模型进行了验证，也与目前大部分主流模型进行了对比，结果发现，本次提出的模型更精准更有效。最后，使用提出的模型进行参数分析，综合试验以及参数分析的结果，提出了一个精准的钢管混凝土构件极限承载力的计算公式。对比相关规范，这个计算公式更精准且涵盖的参数范围更加全面。

本书内容包括 6 章。第 1 章简要介绍了研究背景、目的、方法和内容。第 2 章阐述了试验研究的内容及对试件的破坏模态、纵向荷载-应变曲线进行分析并根据试件的不同延性性能提出了临界套箍系数的概念。第 3 章通过对试件环-纵向应变关系的剖析及引入钢管的本构关系，进一步深入分析钢管混凝土构件轴心受压时的工作机理，明晰了钢管在复杂应力作用下的纵（环）向应力-纵向应变关系，钢管混凝土构件的总约束应力及其变化关系，核心混凝土在三向受力情况下的应力-应变关系。第 4 章根据上述试验结果，建立了混凝土强度、约束应力、纵向应变及环向应变四参数耦合的约束混凝土环向应变方程，并与试验结果对比，从而验证其准确性；随后，结合钢管在三向受力状态下的应力-应变关系及修正后的主动约束混凝土本构模型，建立钢管混凝土构件的全过程荷载-位移（应变）曲线；组建了 381 个试件的数据库，此数据库涵盖了非常广泛的参数范围（钢管屈服应力 σ_{sy} 为 186～853MPa；混凝土强度为 15～125MPa；D_o 和 t 的区间分别为 51～1020mm 和 0.86～13.25mm，而 D_o/t 在 15.9～220.9 之间。外加约束涵盖了钢环、夹套和 FRP 卷材）；通过对比模型与试验结果，验证了模型的准确性。第 5 章基于第 4 章的理论模型，进行了精细化的参数分析并定量地分析了外加约束、钢管径厚比、钢管及混凝土强度等多因素耦合对柱力学性能演变的影响规律；最后，提取影响构件承载力和延性的最重要的因素进行回归分析。在保证工程结构安全、可靠、经济与适用的前提下，建立了构件的承载力及延性的统一设计理论，以供实际工程参考。第 6 章给出了本书的重要结论及研究展望。

必须指出的是，无论是钢管混凝土组合结构还是约束混凝土本构模型，涉及的内容都十分丰富，影响的参数非常多且变化复杂。随着今后对相关领域研究工作的继续深入，作者对本书的一些结果进一步地修正或改善是可能的，也是必要和应当的。

2

试验研究及试验现象分析

2.1 试验研究

2.1.1 试验试件

试验共制作并测试了 145 个试件，包括 40 个空心钢管（19 个使用外加约束，21 个无外加约束）及 105 个钢管混凝土（28 个无外加约束，69 个环约束和 8 个夹套约束），详见图 2.1～图 2.5。空心钢管试件的详细信息见表 2.1 和表 2.2。钢管混凝土试件的测量高度 H，

图 2.1 环约束空心钢管试件

图 2.2 夹套约束空心钢管试件

图 2.3　环约束钢管混凝土试件

图 2.4　夹套约束钢管混凝土试件

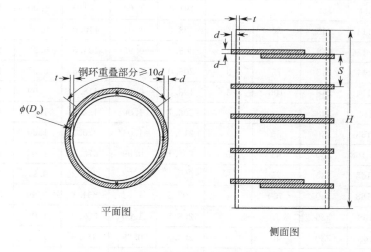

平面图

侧面图

图 2.5　环约束钢管混凝土试件_计算机绘图

外径 D_o，厚度 t 以及材料特性，如钢管屈服强度 σ_{sy} 和混凝土圆柱体强度 f'_c 等详见表 2.3～表 2.5。关于混凝土配合比的设计原则与方法可参考相关文献（Li 和 Kwan，2013；Lai 等，2019；Lai 等，2021b）。

无约束空心钢管试件一览表　　　　　　　　　　　　　　表 2.1

试件	试件数量	E_s (GPa)	(最大值—最小值)/最大值	σ_{syc} (MPa)	(最大值—最小值)/最大值	σ_{suc} (MPa)	(最大值—最小值)/最大值	$\sigma_{suc}/\sigma_{syc}$
HSTN0-1-114	3	205.9	5.01%	289.8	5.10%	♯	—	—
HSTN0-3-114	2	191.4	4.30%	284.9	2.11%	326.5	5.42%	1.15
HSTN0-4-139	4	216.3	2.72%	289.5	2.87%	307.1	9.55%	1.06
HSTN0-5-88	1	216.0	—	476.2	—	558.8	—	1.17
HSTN0-5-114	3	206.7	6.72%	422.6	2.25%	454.6	12.10%	1.08
HSTN0-5-168	2	203.5	3.87%	369.0	2.43%	♯	—	—
HSTN0-8-168*	1	205.2	—	361.6	—	454.6	—	1.26
HSTN0-8-168*	1	204.9	—	383.6	—	435.2	—	1.13
HSTN0-10-139	3	202.5	4.94%	331.6	3.71%	519.8	2.71%	1.57
HSTN0-10-168	1	213.8	—	386.4	—	515.0	—	1.33

＊：这两组 HSTN0-8-168 来源于两批材料，故每批材料需进行单独测试；

♯：试件无强化段。

约束空心钢管试件一览表　　　　　　　　　　　　　　表 2.2

组号	试件	H (mm)	S (mm)	n	E_s (GPa)	E_{s-c}/E_{s-u}	σ_{syc} (MPa)	$\sigma_{syc-c}/\sigma_{syc-u}$	σ_{suc} (MPa)	$\sigma_{suc-c}/\sigma_{suc-u}$
1	HSTR(6)20-3-114	350	60	6	205.3	1.07	303.8	1.07	337.0	1.03
	HSTR(6)30-3-114	350	90	4	208.3	1.09	298.3	1.05	337.1	1.03
	HSTR(6)40-3-114	350	120	3	213.2	1.11	300.1	1.05	339.2	1.04
	HSTN0-3-114	350	—		191.4	1.00	284.9	1.00	326.5	1.00
2	HSTR10-5-114	248	50	5	208.6	1.01	410.0	0.97	449.6	0.99
	HSTR12.5-5-114	248	63	4	205.4	0.99	404.5	0.96	429.4	0.94
	HSTR15-5-114	248	75	3	205.0	0.99	403.5	0.95	424.5	0.93
	HSTR20-5-114	248	100	3	198.0	0.96	418.4	0.99	446.8	0.98
	HSTN0-5-114	248	—		206.7	1.00	422.6	1.00	454.6	1.00
3	HSTR10-5-168	330	50	7	210.3	1.03	370.1	1.00	403.1	—
	HSTR12.5-5-168	330	63	5	202.1	0.99	375.2	1.02	385.1	—
	HSTR15-5-168	330	75	3	200.4	0.98	359.2	0.97	376.3	—
	HSTR20-5-168	330	100	3	207.5	1.02	364.8	0.99	377.9	—
	HSTN0-5-168	330	—		203.5	1.00	369.0	1.00		—
4	HSTR5-8-168	330	40	8	203.3	0.99	361.9	1.00	500.0	1.10
	HSTR10-8-168	330	80	4	205.3	1.00	362.8	1.00	447.8	0.99
	HSTR12.5-8-168	330	100	3	205.3	1.00	353.9	0.98	441.5	0.97
	HSTR15-8-168	330	120	3	205.5	1.00	361.0	1.00	463.0	1.02
	HSTR20-8-168	330	160	3	210.5	1.03	358.1	0.99	468.0	1.03
	HSTN0-8-168	330	—		205.2	1.00	361.6	1.00	454.6	1.00

续表

组号	试件	H (mm)	S (mm)	n	E_s (GPa)	$E_{s\text{-}c}/E_{s\text{-}u}$	σ_{syc} (MPa)	$\sigma_{syc\text{-}c}/\sigma_{syc\text{-}u}$	σ_{suc} (MPa)	$\sigma_{suc\text{-}c}/\sigma_{suc\text{-}u}$
5	HSTJ-1-114*	350	*	20	219.1	1.06	342.0	1.18	—	—
	HSTJ60-1-114	350	60	6	213.2	1.04	331.2	1.14	—	—
	HSTJ120-1-114	350	120	3	212.8	1.03	303.8	1.05	—	—
	HSTN0-1-114	350	—		205.9	1.00	289.8	1.00		

*：连续夹套（由于双向应变片，故夹套不能安装在中部位置）。

无约束钢管混凝土试件一览表　　　　表2.3

序号	试件	H (mm)	D_o (mm)	t (mm)	σ_{sy} (MPa)	E_s (GPa)	f'_c (MPa)	E_c (GPa)	N_{exp} (kN)	E_{cs} (GPa)
1	CN0-1-114-30*	350	111.6	0.95	370.0	205.9	31.4	19.7	456	26.1
2	CN0-1-114-30_1*	350	111.5	0.96	370.0	205.9	31.4	19.7	479	30.2
3	CN0-1-114-80*	350	111.6	0.96	370.0	205.9	79.9	30.7	955	35.5
4	CN0-1-114-80_1*	350	111.8	0.96	370.0	205.9	79.9	30.7	979	36.6
5	CN0-3-114-30	350	114.8	2.86	284.9	191.4	31.4	19.7	719	36.3
6	CN0-3-114-80	350	114.7	2.86	284.9	191.4	79.9	30.7	1199	45.1
7	CN0-4-139-30_S	420	139.0	3.96	289.5	216.3	31.7	20.5	1010	43.7
8	CN0-4-139-30_R	420	139.0	3.97	289.5	216.3	30.6	20.2	1022	39.7
9	CN0-4-139-50	420	139.0	3.99	289.5	216.3	51.7	25.5	1297	48.8
10	CN0-4-139-100_S	420	-138.7	4.00	289.5	216.3	104.5	34.5	2070	60.3
11	CN0-4-139-100_R	420	139.1	3.94	289.5	216.3	101.6	34.6	2040	55.5
12	CN0-4-139-120	420	139.1	3.95	289.5	216.3	125.3	38.4	2390	65.5
13	CN0-5-88-120	330	89.2	5.03	476.2	216.0	120.0	38.6	1405	70.1
14	CN0-5-114-50	248	114.5	4.98	422.6	206.7	51.4	25.2	1274	54.7
15	CN0-5-114-50_1	330	114.0	5.03	422.6	206.7	51.4	25.2	1379	54.5
16	CN0-5-114-120	248	114.3	5.01	422.6	206.7	114.3	36.7	1876	62.9
17	CN0-5-168-30	330	169.2	4.93	369.0	203.5	29.1	19.6	1727	40.5
18	CN0-5-168-60	330	169.2	5.04	369.0	203.5	61.2	25.2	2556	45.2
19	CN0-5-168-80	330	168.7	4.97	369.0	203.5	85.4	31.5	2926	52.9
21	CN0-8-168-30	330	168.7	7.76	383.6	204.9	38.1	21.8	2507	55.6
22	CN0-8-168-80	330	168.8	7.80	361.6	205.2	75.2	29.6	3101	65.9
20	CN0-8-168-120	330	168.8	7.82	361.6	205.2	125.3	38.6	4358	56.5
23	CN0-10-139-30	330	140.1	9.96	331.6	202.5	28.2	18.4	1892	65.9
24	CN0-10-139-50	330	139.3	9.94	331.6	202.5	47.0	23.8	2207	62.4
25	CN0-10-139-90	330	140.4	9.96	331.6	202.5	89.9	31.9	2771	76.9
26	CN0-10-139-120	330	140.4	10.06	331.6	202.5	120.0	38.6	3208	88.8
27	CN0-10-168-30	330	168.4	9.91	386.4	213.8	27.0	19.7	2533	61.5
28	CN0-10-168-90	330	168.7	9.96	386.4	213.8	95.1	32.9	3940	76.5

*：σ_{sy} 是拉伸试验的结果，在此情况下，应该使用 $\sigma_{sy,b}$ 作为屈服应力；

只有第 1～6 和 23～25 号的试件测量了混凝土的 ε_{co}，其中：试件 1、2 和 5，$\varepsilon_{co}=0.0027$；试件 3、4 和 6，$\varepsilon_{co}=0.0036$；试件 23，$\varepsilon_{co}=0.0026$；试件 24，$\varepsilon_{co}=0.0031$；试件 25，$\varepsilon_{co}=0.0037$。

环约束钢管混凝土试件一览表 表 2.4

组号	试件	D_o (mm)	t (mm)	S (mm)	n	σ_{sy} (MPa)	f'_c (MPa)	E_{cs} (GPa)	$E_{cs\text{-}c}/E_{cs\text{-}u}$	N_{exp} (kN)	$N_{exp\text{-}c}/N_{exp\text{-}u}$
1	CR(6)20-3-114-30	114.7	2.87	60	6	284.9	31.4	43.2	1.19	784	1.09
	CR(6)30-3-114-30	114.6	2.90	90	4	284.9	31.4	40.9	1.13	773	1.08
	CR(6)40-3-114-30	114.7	2.88	120	3	284.9	31.4	39.3	1.08	763	1.06
	CN0-3-114-30	114.8	2.86	—		284.9	31.4	36.3	1.00	719	1.00
2	CR(6)20-3-114-80	114.9	2.84	60	6	284.9	79.9	48.2	1.07	1281	1.07
	CR(6)30-3-114-80	114.5	2.87	90	4	284.9	79.9	47.0	1.04	1266	1.06
	CR(6)40-3-114-80	115.0	2.88	120	3	284.9	79.9	49.1	1.09	1220	1.02
	CN0-3-114-80	114.7	2.86	—		284.9	79.9	45.1	1.00	1199	1.00
3	CR(6)10-4-139-30	139.4	3.99	40	10	289.5	30.6	52.7	1.33	1228	1.20
	CR(6)20-4-139-30	139.2	3.98	80	6	289.5	30.6	45.3	1.14	1140	1.12
	CR(6)30-4-139-30	139.1	3.94	120	4	289.5	30.6	49.9	1.26	1092	1.07
	CR(6)40-4-139-30	138.9	3.97	160	3	289.5	30.6	44.3	1.12	1054	1.03
	CN0-4-139-30_R	139.0	3.97	—		289.5	30.6	39.7	1.00	1022	1.00
4	CR(6)10-4-139-100	139.1	3.96	40	10	289.5	101.6	58.9	1.06	2203	1.08
	CR(6)20-4-139-100	139.2	3.95	80	6	289.5	101.6	60.0	1.08	2194	1.08
	CR(6)30-4-139-100	138.9	4.00	120	4	289.5	101.6	61.2	1.10	2147	1.05
	CR(6)40-4-139-100	139.0	3.98	160	3	289.5	101.6	61.1	1.10	2119	1.04
	CN0-4-139-100_R	139.1	3.94	—		289.5	101.6	55.5	1.00	2040	1.00
5	CR10-5-114-50	114.7	5.02	50	5	422.6	51.4	52.2	0.95	1477	1.16
	CR12.5-5-114-50	114.4	4.97	63	4	422.6	51.4	55.5	1.01	1445	1.13
	CR15-5-114-50	114.2	4.93	75	3	422.6	51.4	56.3	1.03	1437	1.13
	CR20-5-114-50	114.4	4.93	100	3	422.6	51.4	59.1	1.08	1388	1.09
	CN0-5-114-50	114.5	4.98	—		422.6	51.4	54.7	1.00	1274	1.00
6	CR5-5-114-120	114.0	5.03	25	9	422.6	114.3	73.8	1.17	2400	1.28
	CR10-5-114-120	114.2	4.96	50	5	422.6	114.3	66.6	1.06	2167	1.16
	CR12.5-5-114-120	114.5	4.94	63	4	422.6	114.3	61.7	0.98	2065	1.10
	CR15-5-114-120	114.6	4.95	75	3	422.6	116.7	68.7	1.09	2109	1.12
	CR20-5-114-120	114.5	4.98	100	3	422.6	114.3	68.7	1.09	1977	1.05
	CN0-5-114-120	114.3	5.01	—		422.6	114.3	62.9	1.00	1876	1.00
7	CR5-5-168-30	168.6	4.94	25	13	369.0	29.1	51.5	1.27	2232	1.29
	CR10-5-168-30	167.9	5.03	50	7	369.0	29.1	50.8	1.26	2004	1.16
	CR12.5-5-168-30	168.7	4.96	63	5	369.0	29.1	49.2	1.21	1934	1.12
	CR15-5-168-30	168.7	4.94	75	5	369.0	29.1	47.0	1.16	1953	1.13
	CR20-5-168-30	168.7	5.03	100	3	369.0	29.1	49.0	1.21	1896	1.10
	CN0-5-168-30	169.2	4.93	—		369.0	29.1	40.5	1.00	1727	1.00

续表

组号	试件	D_o (mm)	t (mm)	S (mm)	n	σ_{sy} (MPa)	f'_c (MPa)	E_{cs} (GPa)	E_{cs-c}/E_{cs-u}	N_{exp} (kN)	N_{exp-c}/N_{exp-u}
8	CR5-5-168-80	168.5	4.95	25	13	369.0	85.4	56.9	1.08	3643	1.25
	CR10-5-168-80	168.6	4.95	50	7	369.0	85.4	53.4	1.01	3205	1.10
	CR12.5-5-168-80	168.1	4.97	63	5	369.0	85.4	58.6	1.11	3178	1.09
	CR15-5-168-80	168.7	4.96	75	5	369.0	85.4	50.8	0.96	3079	1.05
	CR20-5-168-80	168.0	5.04	100	3	369.0	85.4	57.9	1.09	3149	1.08
	CN0-5-168-80	168.7	4.97	—		369.0	85.4	52.9	1.00	2926	1.00
9	CR5-8-168-30	168.6	7.82	40	8	383.6	42.3	63.8	1.15	3097	1.24
	CR10-8-168-30	168.4	7.84	80	4	383.6	41.8	69.6	1.25	2840	1.13
	CR12.5-8-168-30	168.3	7.80	100	3	383.6	42.3	68.8	1.24	2854	1.14
	CR15-8-168-30	168.4	7.76	120	3	383.6	42.3	62.3	1.12	2859	1.14
	CR20-8-168-30	168.6	7.74	160	3	383.6	42.3	64.7	1.16	2711	1.08
	CN0-8-168-30	168.7	7.76	—		383.6	38.1	55.6	1.00	2507	1.00
10	CR5-8-168-80	168.5	7.80	40	8	361.6	75.2	66.3	1.01	3597	1.16
	CR10-8-168-80	168.6	7.74	80	4	361.6	75.2	81.3	1.23	3317	1.07
	CR12.5-8-168-80	168.8	7.82	100	3	361.6	85.4	71.3	1.08	3600	1.16
	CR15-8-168-80	168.5	7.78	120	3	361.6	75.2	77.1	1.17	3218	1.04
	CR20-8-168-80	168.6	7.83	160	3	361.6	75.2	70.8	1.07	3171	1.02
	CN0-8-168-80	168.2	7.80	—		361.6	75.2	65.9	1.00	3101	1.00
11	CR5-10-139-30	139.6	9.96	50	7	331.6	28.2	67.2	1.02	1986	1.05
	CR10-10-139-30	139.3	9.97	100	4	331.6	28.2	69.0	1.05	1875	0.99
	CR15-10-139-30	139.4	9.95	150	3	331.6	28.2	65.0	0.99	1838	0.97
	CR20-10-139-30	139.4	9.96	200	2	331.6	28.2	70.5	1.07	1860	0.98
	CN0-10-139-30	140.1	9.96	—		331.6	28.2	65.9	1.00	1892	1.00
12	CR5-10-139-50	139.9	9.97	50	7	331.6	47.0	63.6	1.02	2360	1.07
	CR10-10-139-50	139.2	9.98	100	4	331.6	47.0	64.2	1.03	2278	1.03
	CR15-10-139-50	140.2	9.97	150	3	331.6	47.0	69.6	1.12	2296	1.04
	CR20-10-139-50	139.4	9.96	200	2	331.6	47.0	63.1	1.01	2298	1.04
	CN0-10-139-50	139.3	9.94	—		331.6	47.0	62.4	1.00	2207	1.00
13	CR5-10-139-90	139.9	9.96	50	7	331.6	89.9	74.2	0.96	2968	1.07
	CR10-10-139-90	139.9	9.95	100	4	331.6	89.9	75.3	0.98	2796	1.01
	CR15-10-139-90	139.5	9.97	150	3	331.6	89.9	78.6	1.02	2819	1.02
	CR20-10-139-90	139.9	9.95	200	2	331.6	89.9	77.8	1.01	2936	1.06
	CN0-10-139-90	140.4	9.96	—		331.6	89.9	76.9	1.00	2771	1.00
14	CR5-10-139-120	139.5	9.95	50	7	331.6	120.0	95.0	1.07	3592	1.12
	CR10-10-139-120	140.0	9.96	100	4	331.6	120.0	90.0	1.01	3207	1.00

续表

组号	试件	D_o (mm)	t (mm)	S (mm)	n	σ_{sy} (MPa)	f'_c (MPa)	E_{cs} (GPa)	$E_{cs\text{-}c}/E_{cs\text{-}u}$	N_{exp} (kN)	$N_{exp\text{-}c}/N_{exp\text{-}u}$
	CR15-10-139-120	140.2	9.98	150	3	331.6	120.0	84.9	0.96	3180	0.99
14	CR20-10-139-120	139.9	9.97	200	2	331.6	120.0	88.4	1.00	3301	1.03
	CN0-10-139-120	140.4	10.06	—		331.6	120.0	88.8	1.00	3208	1.00
	CR5-10-168-30	168.4	9.90	50	7	386.4	27.0	62.9	1.02	2741	1.08
	CR10-10-168-30	168.2	9.94	100	3	386.4	27.0	63.1	1.03	2633	1.04
15	CR12.5-10-168-30	168.4	9.94	125	3	386.4	27.0	64.6	1.05	2581	1.02
	CR15-10-168-30	168.6	9.95	150	3	386.4	27.0	65.1	1.06	2512	0.99
	CR20-10-168-30	168.5	9.96	200	2	386.4	27.0	60.2	0.98	2524	1.00
	CN0-10-168-30	168.4	9.91	—		386.4	27.0	61.5	1.00	2533	1.00
	CR5-10-168-90	168.2	9.93	50	7	386.4	95.1	77.8	1.02	4290	1.09
	CR10-10-168-90	168.6	9.95	100	3	386.4	95.1	76.8	1.00	4130	1.05
16	CR12.5-10-168-90	168.2	9.95	125	3	386.4	95.1	76.2	1.00	4285	1.09
	CR15-10-168-90	168.3	9.92	150	3	386.4	95.1	78.3	1.02	4361	1.11
	CR20-10-168-90	168.3	9.93	200	2	386.4	95.1	74.6	0.98	4063	1.03
	CN0-10-168-90	168.7	9.96	—		386.4	95.1	76.5	1.00	3940	1.00

注：1. E_s、E_c 和 ε_{co} 与同组的无约束试件一致；

　　2. 对于 6mm 的钢环，E_{ssE} 和 σ_{ssE} 分别为 217GPa 和 304MPa；而对于 8mm 的钢环，E_{ssE} 和 σ_{ssE} 分别为 212GPa 和 304MPa；

　　3. 对于第 6、7 组的试件，高度为 350mm；对于第 8、9 组的试件，高度为 420mm；对于第 10、11 组的试件，高度为 248mm；其他试件的高度为 330mm。

夹套约束钢管混凝土试件一览表 表 2.5

组号	试件	D_o (mm)	t (mm)	S (mm)	n	f'_c (MPa)	E_{cs} (GPa)	$E_{cs\text{-}c}/E_{cs\text{-}u}$	N_{exp} (kN)	$N_{exp\text{-}c}/N_{exp\text{-}u}$
	CJ60-1-114-30	111.5	0.96	60	6	31.4	28.1	1.08	510	1.12
	CJ120-1-114-30	111.7	0.96	120	3	31.4	30.2	1.16	495	1.08
17	CJ60-1-114-30_R	111.8	0.95	60	6	31.4	有初始荷载		492	1.08
	CJ120-1-114-30_R	111.5	0.95	120	3	31.4	加固试件		470	1.03
	CN0-1-114-30	111.6	0.95	—		31.4	26.1	1.00	456	1.00
	CJ60-1-114-80	111.6	0.96	60	6	79.9	39.9	1.12	999	1.05
	CJ120-1-114-80	111.6	0.96	120	3	79.9	40.0	1.13	966	1.01
18	CJ60-1-114-80_R	111.6	0.95	60	6	79.9	有初始荷载		980	1.03
	CJ120-1-114-80_R	111.7	0.95	120	3	79.9	加固试件		962	1.01
	CN0-1-114-80	111.6	0.96	—		79.9	35.5	1.00	955	1.00

注：1. 对于所有试件，$\sigma_{sy} = 370.0$MPa 是拉伸试验的结果，在此情况下（超薄壁钢管），应该使用 $\sigma_{sy,b}$ 作为屈服应力；

　　2. E_s、E_c 和 ε_{co} 与无约束钢管混凝土试件一致；

　　3. E_{ssE} 和 σ_{ssE} 分别为 172GPa 和 400MPa；

　　4. $H = 350$mm。

　　从表 2.2 中可以看出，外加约束空心钢管试件被分成了 5 组：（1）3 个环约束空心钢管试件（外径 114mm，壁厚 3mm）；（2）4 个环约束空心钢管试件（外径 114mm，壁厚 5mm）；（3）4 个环约束空心钢管试件（外径 168mm，壁厚 5mm）；（4）5 个外加约束空心钢管试件（外径 168mm，壁厚 8mm）；（5）3 个夹套约束空心钢管试件（外径 114mm，壁厚 1mm）。而从表 2.4、表 2.5 可以看出，外加约束钢管混凝土试件被分为了 18 个组。在每组中都有一个无外加约束的钢管混凝土试件作为对照试件，其余的都是约束钢管混凝土且每一个试件的外加约束间距不等。

①对于环约束的试件，本书共有两种不同尺寸的钢环：其一是钢环的横截面直径 d 为 6mm，刚度 E_{ssE} 和屈服应力 σ_{ssE} 分别为 217GPa 和 304MPa；其二是钢环的横截面直径 d 为 8mm，E_{ssE} 和 σ_{ssE} 分别为 212GPa 和 304MPa；钢环是采用点焊的方式安装在钢管上的，为了确保能全面发挥钢环的屈服强度，每一个钢环都有一定的搭接长度，其中搭接长度值确定为 10 倍直径。环约束试件详见图 2.1、图 2.3 和图 2.5。

②夹套约束钢管混凝土试件使用不锈钢夹套，通过拧紧螺栓的方式固定在钢管外表面。夹套详见图 2.6。夹套截面面积 A_{sj} 为 12mm²，厚度 t_{sj} 和宽度 d 分别为 1mm 和 12mm。经试验得知，夹套的 σ_{ssE} 和 E_{ssE} 分别为 400MPa 和 172GPa。夹套约束试件详见图 2.2 和图 2.4。

图 2.6　夹套照片

全部钢管都是根据英国标准 BSEN 10210-2：2006（BSI 2006）制造，钢号从 S275 至 S460，所有钢管的实际屈服强度已记录在表 2.1～表 2.5 中。为了防止试件整体失稳，多数研究者建议的 H/D 比值在 2～3 之间（Han 等，2005；Teng 等，2007b；Yu 等，2007；Hu 等，2011；Abed 等，2013）。在受压前，为了保持光滑的接触面，所有的钢管底部都需要用机器磨平。钢管混凝土中，混凝土分作 2～3 层浇筑。同时，对于每一组试验，都会额外浇筑 6 个标准的圆柱体试件（150mm×300mm）用以测试混凝土的强度与应力应变曲线。浇筑完成，试件将在自然养护 28d 后开始试验。从表 2.1～表 2.5 可以看出，σ_{sy} 的范围为 285～476MPa；f'_c 的范围为 27～125MPa，D_o/t 的范围为 14～117，而外加约束的间距以及用量也在变化中。所以，本书的试验参数范围非常广泛，基本上涵盖了实际工程所应用的参数范围。

为了方便辨认每一个试件，本书建立了一个命名系统。CR(6)10-4-139-30 代表了一个环约束（R）钢管混凝土试件（C），随后的小括号里的数字代表了钢环的横截面直径（6mm），如果横截面直径为 8mm，则不展示。钢环中心间距 S 为钢管厚度 t 的 10 倍（由小括号后的数字"10"体现）。钢管的厚度和外径分别为 4mm（第三个数字"4"）和 139mm（第四个数字"139"）。最后，混凝土圆柱体的强度为 30MPa（最后一个数字为"30"）。试件 CN0-4-139-30 表示无外加约束试件（"N0"）。对于夹套约束试件，则使用"CJ"代替"CR"。需要注意的是，有 4 个夹套约束试件是在加载到一定程度才加上夹套，以试件 CJ60-1-114-30＿R 为例，最后的"R"表示 retrofitting，即加固试件。对于空钢管试件，HSTR(6)20-3-114 代表了环约束空钢管试件（"HSTR"）。

2.1.2　试验仪器与设备

试验机器选用的是香港大学结构实验室的 SATEC Series RD（极限荷载 5000kN，极限位移 100mm）。试验仪器、设备及传感器设置详见图 2.7～图 2.9。其中，三个 100mm 的线性位移传感器（LVDTs）安装于机器顶板与底板之间。三个双向应变片（Tokyo

Sokki Kenkyujo Co.，Ltd. 型号：FCA-5-11-3L）分散安装（120°）在钢管外表面的中部位置用以测量这个位置的纵向与环向应变。圆周伸长计安装在两行外加约束之间，更精准地说，在一个外加约束正下方用以测量该横截面的环向变形量。最后，在外加约束上也安装了多个单向应变片（Tokyo Sokki Kenkyujo Co.，Ltd. 型号：FLA-5-11-3L）。

图 2.7　试验仪器与设备

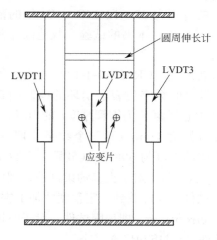

图 2.8　试验设置侧视图

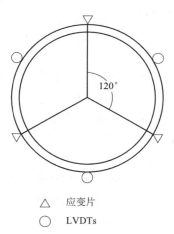

图 2.9　试验设置俯视图

2.1.3　试验加载程序设计

所有的试验都采用位移控制的模式进行。试验开始前，试件将被放置在静压机中心处，以确保不会受到偏心压力。对于钢管混凝土试件，在加载前，试件的顶端会覆盖一层速干石膏，经过 15min 的预压，确保钢管和混凝土能同时受力后，试件将卸载准备进行正式测试。对于高度大于 330mm 的试件，加载速率为 0.3mm/min；而对于高度为 248mm 的试件，加载速率为 0.2mm/min。在初始加载阶段，可以从 3 个位移传感器及双向应变片的初始读数中确认试件是否在压力机中心处，如果不是，则会进行调整。当发生以下情况之一时则试验终止：试件纵向应变超过 0.1；试件承受荷载降低到最高荷载的 50%；试件承受荷载达到机器极限荷载的 95%，即 4750kN。

为了准确获得钢管、混凝土和外加约束的材料性能，每一组中，6 个素混凝土圆柱体（150mm×300mm）按照英国规范（BSI 1983a，b，c）进行浇筑和测试。混凝土的弹性模量 E_c、强度 f'_c 以及峰值应力所对应的应变值 ε_{co} 如表 2.3～表 2.5 所示。另外，按照英国规范（BSI 2009），一共做了 6 个钢管拉伸试件（2 个 HSTN0-3-114 和 4 个 HSTN0-1-114）的试验，还有 16 个外加约束的拉伸试件的试验。所有的拉伸试件按照文献 Hancock（1998）所示的标准进行。钢管拉伸试件的试验结果，如平均钢管弹性模量 E_s，钢管拉伸屈服应力 σ_{syt} 以及钢管拉伸极限应力 σ_{sut} 已记录在表 2.6 中。而外加约束的弹性模量 E_{ssE} 和屈服应力 σ_{ssE} 则记录在表 2.7 中。混凝土圆柱体的加载速率为 0.3MPa/s（BSI 1983b）（符合规范中的 0.2～0.4MPa/s），转换为应变速率为 0.0015%/s，对于高度为 330mm 的试件，即为 0.27mm/min，这个值也与本书中钢管混凝土的加载速率类似（0.3mm/min）。对于拉伸试验，英国规范（BSI 2009）的速率过快，为了与钢管混凝土及素混凝土的加载速率保持一致，本书采用 0.0015%/s 作为拉伸试验的线弹性及塑性平台阶段的速率，之后则采纳文献 Law 和 Gardner（2012）建议，采用 0.04%/s 的速率直至试件破坏。

拉伸试验一览表

表 2.6

试件	E_s(GPa)	σ_{syt}(MPa)	σ_{sut}(MPa)
HSTN0-1-114 拉伸试件 （静态）	196.4	358	420
	199.2	350	420
	196.6	355	416
	195.6	337	405
均值（静态）	197.0	350.0	415.3
$\sigma_{sut}/\sigma_{syt}$		1.19	
均值（准静态）	**197.0**	**370.0**	**443.8**
$\sigma_{sut}/\sigma_{syt}$		1.20	
HSTN0-3-114 拉伸试件（静态）	199.9	264	341
	206.9	283	360
均值（静态）	203.4	273.5	350.5
$\sigma_{sut}/\sigma_{syt}$		1.28	
均值（准静态）	**203.4**	**288.5**	**373.0**
$\sigma_{sut}/\sigma_{syt}$		1.29	

外加约束的弹性模量和屈服应力

表 2.7

试件	E_{ssE}(GPa)	σ_{ssE}(MPa)
6mm 钢环	207.7	310.0
	214.0	318.0
	224.1	292.0
	222.2	296.0
均值	**217**	**304**

续表

试件	E_{ssE}(GPa)	σ_{ssE}(MPa)
8mm 钢环	214.0	305.0
	211.7	307.0
	209.2	302.0
	214.1	303.0
均值	**212**	**304**
夹套	172.1	392.1
	177.6	439.8
	160.2	384.4
	177.3	384.6
均值	**172**	**400**

2.2 试验结果与分析

2.2.1 钢材拉伸试验

拉伸试验应力-应变曲线如图 2.10 所示。一般来说，对于钢材的强度试验，为了方便在不同的加载速率下进行比对，研究者们都会提供静态曲线（Law 和 Gardner，2012，Huang 和 Young，2014）以观测在足够时间的应力松弛后钢材的静态应力，见图 2.10。

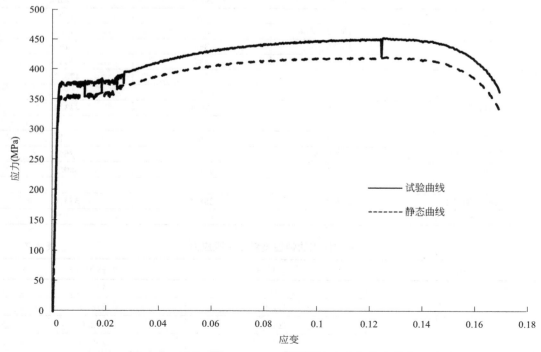

图 2.10 试件 HSTN0-1-114 的拉伸试验应力-应变曲线

然而，由于混凝土与钢材的应力松弛的原理不一致，混凝土开裂后的应力松弛会导致裂缝扩展，应力会大幅度下降。所以，很少见到关于混凝土静态曲线的研究。在本书中，在初期阶段，所有试件都使用准静态加载速率，即 0.0015%/s，而不采用静态曲线进行对比。

2.2.2 空心钢管构件

1. 试件破坏模态

无约束空心钢管试件的典型破坏模态为局部屈曲见图 2.11～图 2.13。可以看出，试件会在端部处向外屈曲破坏。图 2.12 显示，除了端部屈曲破坏外，试件 HSTN0-4-139_1 和 HSTN0-4-139_2 还呈现出内外向交错折叠的破坏形式；而试件 HSTN0-4-139_3 则由于试件中部的局部向外屈曲破坏。

在加入钢环后，由于钢环提供的约束应力，环约束空心钢管柱的破坏模态从端部的屈曲变形转换为两钢环之间的局部屈曲变形。例如，从图 2.1 可以看出，试件 HSTR(6)40-3-114 和 HSTR(6)30-3-114（中部的两个试件）的破坏形式为端部局部屈曲。然而，当端部有足够的约束力时，见试件 HSTR(6)20-3-114（最右侧），破坏模态变为两钢环之间的局部屈曲。这是因为钢环可以提供有效的侧向约束，缩短钢管的有效长度，从而避免了试件过早地产生端部破坏。从图 2.2 中可以看出，夹套约束空心钢管试件的破坏形式为内外交替折叠屈曲变形。值得注意的是，当钢管的壁厚非常薄（$D_o/t > 100$）时，

图 2.11 试件 HSTN0-1-114 的破坏模态

试验将在很小的位移时便结束，所以试件的局部屈曲看起来并没有厚壁空心钢管的试件严重。

图 2.12 试件 HSTN0-4-139 的破坏模态

（从左到右分别为 HSTN0-4-139，HSTN0-4-139_1，HSTN0-4-139_2 和 HSTN0-4-139_3）

2. 应力-应变曲线

空心钢管试件的应力-应变曲线如图 2.14～图 2.22 所示，钢管的强度由压力机直接得到，而纵向应变则由修正后的 LVDT 读数求得（见 2.2.3 节）。几个重要的参数，如：钢

管的弹性模量 E_s，压缩屈服应力 σ_{syc} 和压缩极限应力 σ_{sus} 全部记录在表 2.1 和表 2.2 中。无约束空心钢管试件在轴心受压时应力-应变关系可以分为以下 5 个阶段（不涵盖 $D_o/t > 100$ 的试件）：（1）线弹性阶段，此时斜率便是钢材的弹性模量 E_s；（2）弹塑性阶段；（3）屈服阶段，此阶段的最小应力则是压缩屈服应力 σ_{syc}。如果没有明显的屈服平台，σ_{syc} 则取值为 0.2% 屈服应力；（4）应力强化阶段，此阶段的最大值定义为压缩极限应力 σ_{suc}；对于本书的空心钢管，强化段和屈服段的分界点约是应变为 0.015 处；（5）由于局部屈曲导致的下降段。当试件的 D_o/t 比值较大时将无法观测到强化段，试件将由屈服段直接下降，如试件 HSTN0-5-168。当钢管的壁厚相当薄，超过规范 EC3（BSI 1993）的极

图 2.13　试件 HSTN0-10-139 的破坏模态

限值，即 $D_o/t > 21150/\sigma_{sy}$ 时，试件在达到屈服应力前就已经局部屈曲，承载力由稳定控制，强度得不到充分利用，此时最大的应力往往达不到拉伸屈服应力（图 2.22）。从表 2.1 和表 2.6 可以看出，对于试件 HSTN0-3-114，压缩屈服应力 σ_{syc} 略小于拉伸屈服应力 σ_{syt}，这个结论与 Young 和 Ellobody（2006）的一致。所以，参考 Young 和 Ellobody（2006）的建议，钢管混凝土试件中，钢管的单轴屈服应力 σ_{sy} 和弹性模量 E_s 均采用钢管压缩试验的结果。

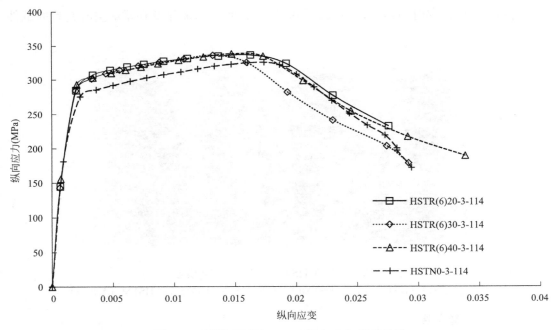

图 2.14　试件 HSTRn-3-114 纵向应力-应变曲线

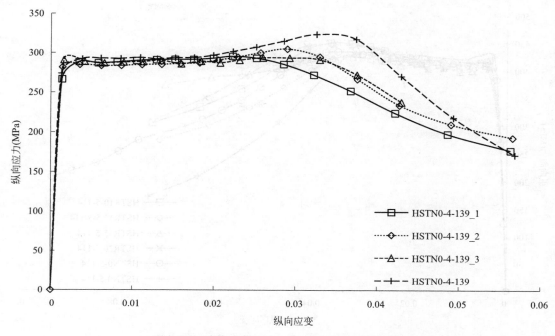

图 2.15 试件 HSTN0-4-139 纵向应力-应变曲线

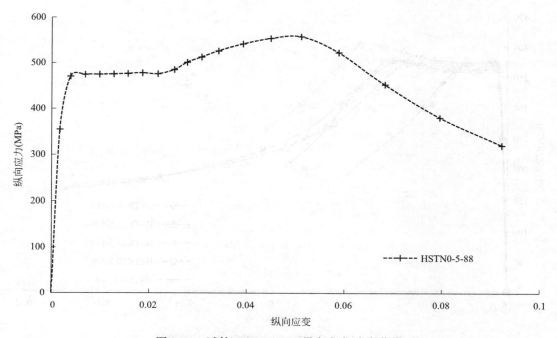

图 2.16 试件 HSTN0-5-88 纵向应力-应变曲线

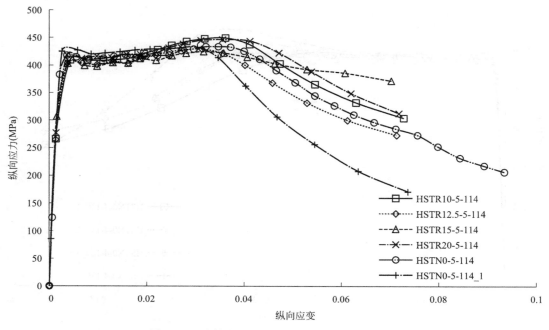

图 2.17 试件 HSTRn-5-114 纵向应力-应变曲线

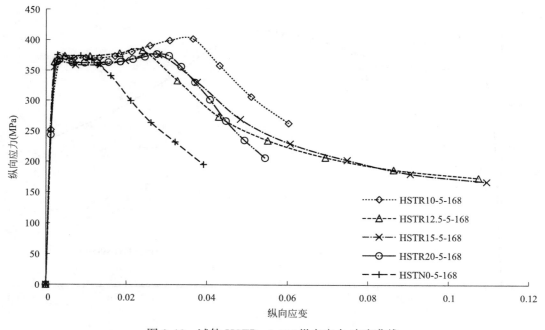

图 2.18 试件 HSTRn-5-168 纵向应力-应变曲线

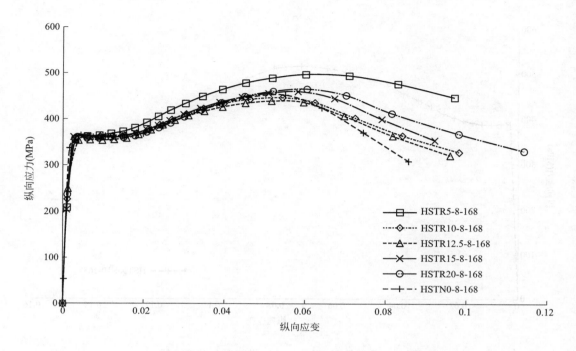

图 2.19　试件 HSTRn-8-168 纵向应力-应变曲线

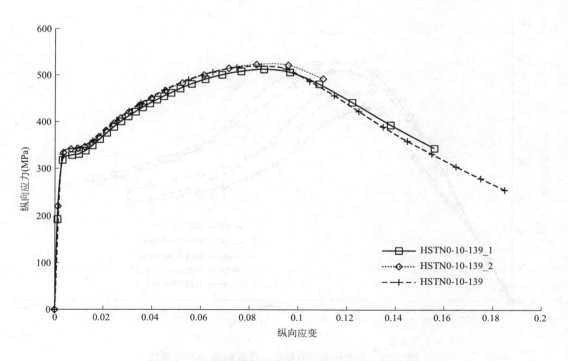

图 2.20　试件 HSTN0-10-139 纵向应力-应变曲线

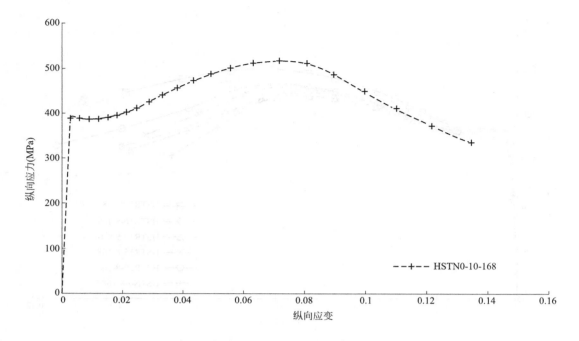

图 2.21 试件 HSTN0-10-168 纵向应力-应变曲线

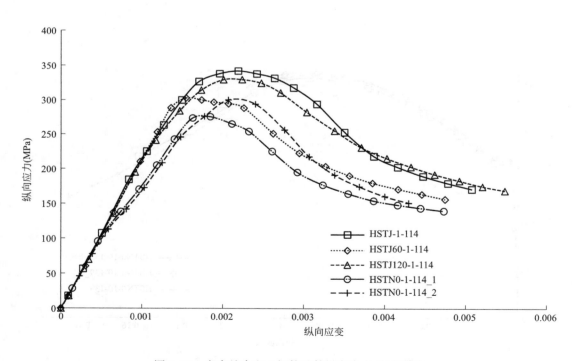

图 2.22 夹套约束空心钢管试件纵向应力-应变曲线

从图 2.14～图 2.22 可以看出，约束空心钢管试件的应力-应变曲线基本和无约束空心钢管试件的一致（同样可以分为 5 个阶段）。从表 2.2 可以看出，约束空心钢管试件的 E_s、σ_{syc} 和 σ_{suc} 较无约束的有少量提升（不考虑第 5 组），这是因为外加约束可以给钢管提供一定的约束应力。添加外加约束后，空心钢管试件的变形能力得到了极大的提升：试件 HSTN0-5-168 的应力在达到屈服应力后马上下降，而试件 HSTR10-5-168 在屈服后，应力还能继续上升，显示出应变强化（图 2.18）。对于第 5 组试件（$D_o/t > 100$），可以从表 2.2 和图 2.22 中看出，由于夹套的约束作用，空心钢管试件的 E_s、σ_{syc} 和延性都较无约束的钢管柱有了提升，而添加夹套最密集的试件 HSTJ-1-114 的压缩屈服应力 σ_{syc} 也是最大的。但是，因为外加约束无法防止试件的向内局部屈曲，所以 $\sigma_{syc} < \sigma_{syt}$。

综上所述，尽管外加约束对 E_s、σ_{syc} 和 σ_{suc} 的提升效益不大，但可以大大提升空心钢管试件的延性，从而增强结构的抗震性能。所以，外加约束，如钢环和夹套，也是一种加固现有空心钢管试件的好方法。本节的内容可参考相关文献（Lai 等，2020e）。

2.2.3 钢管混凝土构件

1. 关于不同测量纵向变形/应变方法的讨论

在本书中，有三种方法测定试件的纵向变形/应变：方法 1 指的是压力机的位移读数；方法 2 指的是线性传感器 LVDTs 的测量值（三支 LVDT 读数的均值）；方法 3 表示的则是应变片的测量值（三个双向应变片，纵向应变测量值的平均值）。由于在试验中，采用了速干石膏作为保障钢管和混凝土能同时受压的材料，故方法 1 和方法 2 在初始测量时，会涵盖石膏的压缩量从而高估了真实值。所以，这两种测量方式需要调整以消除速干石膏的效应。假设石膏的厚度为 t_g，轴压力为 N_c，试件的弹性模量为 E_i，i 是测量的方法（使用方法 2 时，$i = 2$），从图 2.23 中可以看出：

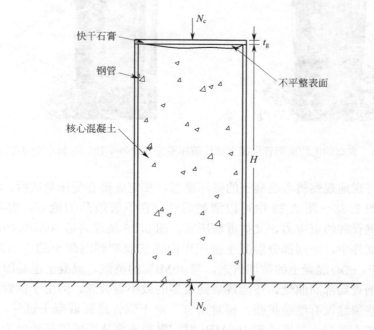

图 2.23　快干石膏影响示意图

$$N_c = \frac{E_g A}{t_g} \Delta t_g = \frac{E_3 A}{H} \Delta H \tag{2.1}$$

同样的，E_2 和 E_3：

$$E_2 = \frac{N_c (t_g + H)}{A (\Delta t_g + \Delta H)} = E_3 \left(\frac{\Delta H}{\Delta t_g + \Delta H} \right) \left(\frac{t_g + H}{H} \right) = E_3 \left(\frac{\Delta H}{\Delta t_g + \Delta H} \right) \tag{2.2}$$

由式（2.1）和式（2.2）中可知，在初始阶段，因形变很小，速干石膏的影响不可忽视；然而，在后期，对比起整个试件的形变，速干石膏的形变微不足道，故可以忽略不计。所以初始阶段纵向应变应采用方法 3 测得的应变值；而在线弹性阶段末端，可以调整方法 2 作为新的"修正 LVDTs 测量法"测得纵向变形。调整方法非常简单，仅需用方法 2 后续阶段的读数减去方法 2 与方法 3 最后一点（即线弹性阶段末端点）的差值即可。

2. 钢管混凝土构件破坏模态

从图 2.24 可以看出，无约束钢管普通强度混凝土试件（如试件 CN0-4-139-30）的破坏模态为试件中部及端部的向外屈曲变形，最后压曲成腰鼓形破坏；对于钢管高强混凝土试件（试件 CN0-4-139-100），破坏模态为上下交错鼓凸而形成剪切平面破坏。因钢管提供的约束应力足够约束普通强度混凝土，使其不至于呈现脆性破坏的特性，所以钢管普通强度混凝土的破坏更为规则。

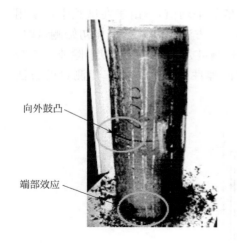
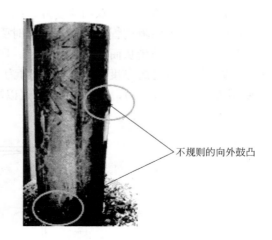

图 2.24 典型的无约束钢管混凝土试件破坏模态（CN0-4-139-30 和 CN0-4-139-100）

为了能更直观地观察核心混凝土的破坏模态，在完成轴心受压测试后，将钢管切成两半后移开。从图 2.25～图 2.28 中可以清楚看到，在钢管鼓凸的地方，混凝土先是被压碎，然后由于钢管的约束应力，又被重新压实。图 2.25 展现的是 30MPa 核心混凝土的破坏模态。在此试件中，中间部分混凝土被压碎而无法观测到混凝土的剪切破坏。图 2.26 展现的是 50MPa 核心混凝土的破坏模态，与 30MPa 的类似，混凝土也是因为被压碎而破坏；此外，在钢管局部屈曲处，还能观察到较多的微小斜裂缝，但由于钢管能提供充足的约束应力，这些裂缝没有继续扩张。相对而言，对于钢管高强混凝土试件，从图 2.27 可以看出，如果核心混凝土强度达到 100MPa 时，混凝土将从压碎破坏转换为剪切破坏，还能观测到一个完好的剪切破坏面。通过测量发现，剪切破坏角接近 73°。而当在钢管中填充了超高强混凝土（120MPa）后，从图 2.28 可以看出，钢管提供的约束应力已不足以约束此种混凝土，致使混凝土已无法维系整体性，被一分为二，呈现锥形剪切破坏，而剪切破坏角也约为 73°。

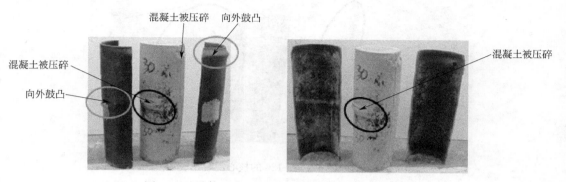

图 2.25　试件 CN0-4-139-30 的核心混凝土破坏模态

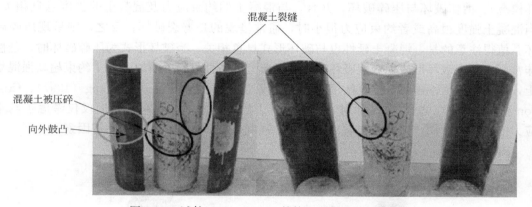

图 2.26　试件 CN0-4-139-50 的核心混凝土破坏模态

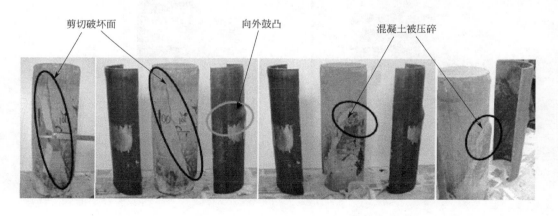

图 2.27　试件 CN0-4-139-100 的核心混凝土破坏模态

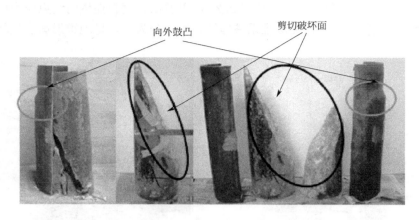

图 2.28　试件 CN0-4-139-120 的核心混凝土破坏模态

混凝土的破坏形式可以分为三种：劈裂破坏（如图 2.29 所示，为典型的素混凝土破坏模态）、剪切破坏与压碎破坏。并且，与混凝土的约束应力及混凝土的强度息息相关。当混凝土强度很高或者约束应力很小时，通常呈现的是劈裂破坏；反之，则呈现压碎破坏。值得注意的是，混凝土延性也与破坏形式息息相关。当破坏形式为压碎破坏时，延性非常好；而当破坏形式为劈裂破坏时，属于典型的脆性材料。所以，为了约束超高强混凝土，避免出现脆性破坏，建议使用厚壁钢管或高强钢管。Rutland 和 Wang（1997）、Cusson 和 Paultre（1994）也注意到了约束混凝土破坏模式的变化趋势，但仅仅考虑了约束应力的影响。然而，试验可以看出，混凝土强度也是影响破坏模式的关键因素。

图 2.29　素混凝土的破坏模态（100MPa、120MPa）

3. 纵向荷载-应变曲线及其类型

无外加约束钢管混凝土试件的纵向荷载-应变（$N\text{-}\varepsilon_z$）曲线如图 2.30～图 2.34 所示。钢管混凝土试件 $N\text{-}\varepsilon_z$ 曲线的基本形状与约束效应强相关，大致可以分为以下 5 个阶段，具体特征如图 2.35 所示。

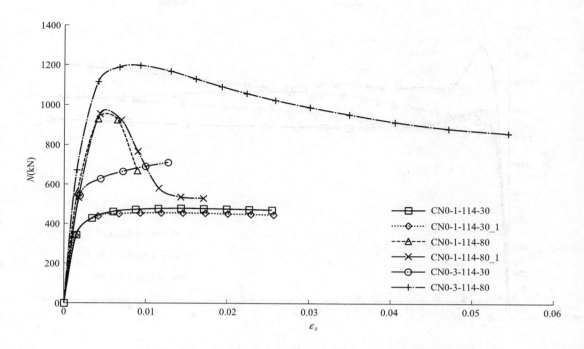

图 2.30　无约束钢管混凝土试件 N-ε_z 曲线（第 1～6 个试件）

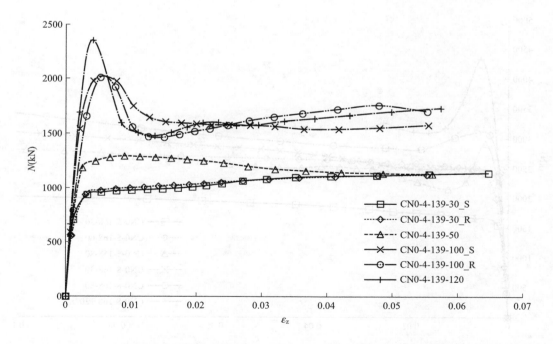

图 2.31　无约束钢管混凝土试件 N-ε_z 曲线（第 7～12 个试件）

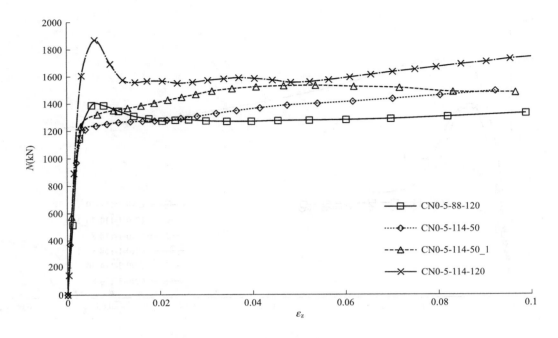

图 2.32 无约束钢管混凝土试件 N-ε_z 曲线（第 13～16 个试件）

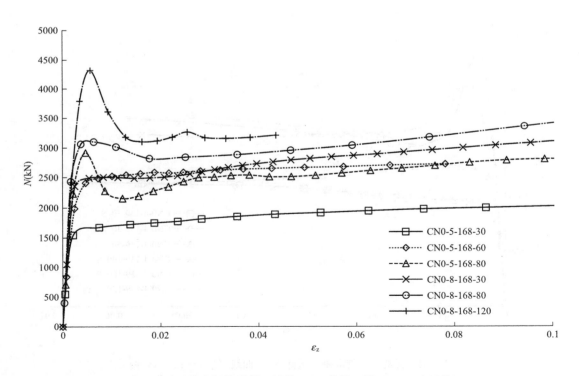

图 2.33 无约束钢管混凝土试件 N-ε_z 曲线（第 17～22 个试件）

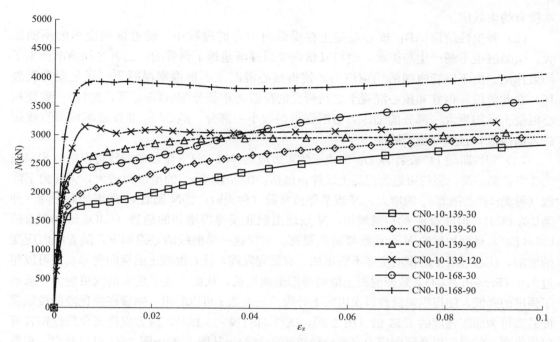

图 2.34　无约束钢管混凝土试件 N-ε_z 曲线（第 23~28 个）

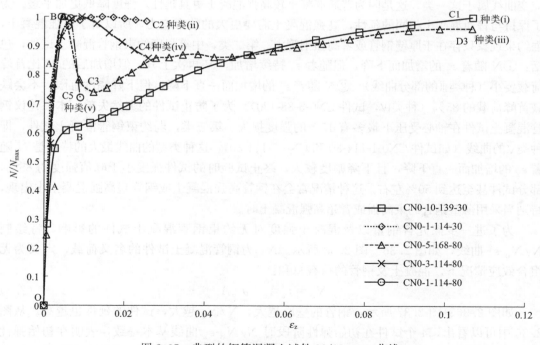

图 2.35　典型的钢管混凝土试件 N/N_{max}-ε_z 曲线

（1）弹性阶段 OA：在轴心受压的初始阶段，N 随着 ε_z 的增加而增大，呈线性关系。在此阶段，因核心混凝土的泊松比要比钢管的小，对于无外加约束的钢管混凝土试件，基本没有约束效应。

(2) 弹塑性阶段 AB：核心混凝土在受纵向压力的过程中，随着纵向变形的不断加大，微裂缝也不断产生与扩展，使得其横向变形逐渐超越了钢管的，二者之间渐渐产生了约束作用。由于钢管施加的约束应力，使得核心混凝土不再像素混凝土一样呈现劈裂破坏。在此阶段，钢管和核心混凝土之间所受的荷载会重新分配（Ding 等，2011），致使核心混凝土承担更大一部分的轴压力而钢管承担较小一部分。故 N-ε_z 曲线逐渐偏离直线而进入曲线段，且斜率慢慢减小。

(3) 塑性阶段 BC 或者 BCD：取决于约束效应的等级，这 5 阶段的曲线可以进一步归纳为 3 类：第一类，强约束钢管混凝土试件，包括：①N 随着 ε_z 的增加而增大，无任何下降段（种类 i）；②随着 ε_z 的增大，N 近乎保持常数（种类 ii）；③N 随着 ε_z 的增加而下降（种类 iii 的 BC3），但随着 ε_z 的持续增加，N 呈现出触底反弹再增加的趋势（C3D3 in 种类 iii 的 C3D3 段），且增加后的 N 会比首峰荷载要高。出现这一类曲线的原因如下：随着纵向应变的增加，核心混凝土的横向变形不断增加。有研究发现，核心混凝土的横向变形系数可以超过 1.0（Ferretti 2004），致使混凝土横向变形迅速增长，从而产生了更大的约束应力，抵消了强度的降低，使得纵向荷载再次进入上升段。从表 2.1 可以看出，钢管在强化段的极限强度最高可为屈服强度的 1.57 倍（图 2.20，试件 HSTN0-10-139），应力强化现象致使钢管可以提供更大的纵向以及环向应力（部分种类 iii 的曲线）。从图 2.30～图 2.34 可以看出，多数钢管普通强度混凝土试件和少数钢管高强混凝土试件（厚壁钢管或高强钢管）的纵向荷载-应变曲线属于这一类。这是因为普通混凝土较高强混凝土更具延性，强度降低更加平缓。为了保持与普通混凝土相同的延性，高强混凝土需要更大的约束应力，所以对于高强混凝土，强约束现象只存在于厚壁钢管或者高强钢管中。第二类，中等强度约束钢管混凝土试件，包括：①N 随着 ε_z 的增加而下降，但随着 ε_z 持续增加，N 再次上升，但增加后的 N 比首峰荷载要小（种类 iii 的部分曲线）。②N 随着 ε_z 的增加而一直下降，但下降幅度有限，不会跌破首峰荷载的 85%（种类 iv，试件 CN0-5-88-120）。为了防止试件的突然失效，本书建议钢管混凝土试件在轴心受压下最多有 15% 的强度损失。第三类，弱约束钢管混凝土试件，即种类 v 的曲线（如试件 CN0-1-114-80 和 CN0-3-114-80），这种类型的曲线最大的特点是 N 随着 ε_z 的增加而一直下降，且下降幅度较大，终止试验时的试件强度小于峰值强度的 85%，部分试件甚至达到 50% 左右。这种情况常会在钢管高强混凝土或钢管超高强混凝土中出现，特别当采用薄壁钢管约束高强或者超高强混凝土时。

为了进一步探究含钢量以及混凝土强度对无约束钢管混凝土试件的影响，特绘制 N/N_o-ε_z 曲线，如图 2.36～图 2.38 所示。N_o 为钢管混凝土试件的名义荷载，定义为无组合效应情况下，混凝土及钢管的荷载总和：

$$N_o = f_c' A_c + \sigma_{sy} A_s \tag{2.3}$$

如图 2.36、图 2.37 所示，钢管的壁厚越大，N/N_o 越大，试件的延性也越高。从图 2.36 中可以看出，4 个试件在初始弹性阶段时 N/N_o-ε_z 曲线基本一致，表明在初始弹性阶段，并无明显的约束效应。随着试件纵向应变增大，越厚的钢管，曲线在弹塑性阶段上升得越快，显示出越强的约束应力。对于试件 CN0-1-114-30，随着 ε_z 增大，N/N_o 不再增长，约为 1.21。而对于试件 CN0-3-114-30，N/N_o 保持着上升趋势直至纵向应变为 1.35%（试验机突然关机导致在此应变时终止了试验）。从图 2.37 中可以看出，钢管壁厚越大，N/N_o 也越大，如试件 CN0-10-168-30，N/N_o 甚至大于 1.55。从图 2.36～图 2.38 还可以看出，混凝土强度越低，试件的延性越大，试件达到极限承载力时的应变越大。这是因为普通强度混凝土比高强混凝土的延性更大。

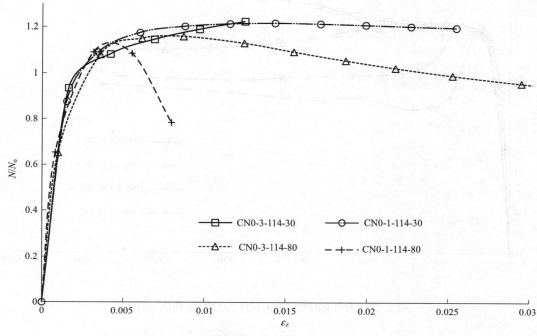

图 2.36 无约束钢管混凝土试件 N/N_o-ε_z 曲线（1）

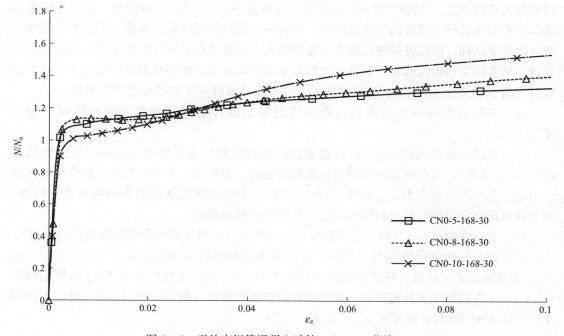

图 2.37 无约束钢管混凝土试件 N/N_o-ε_z 曲线（2）

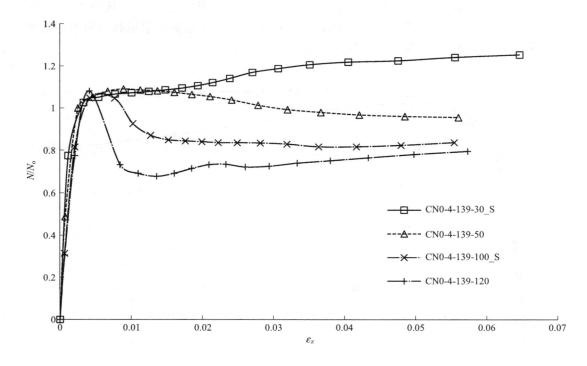

图 2.38 无约束钢管混凝土试件 N/N_o-ε_z 曲线（3）

本试验选取了三个重要的参数来分析钢管混凝土柱在轴心受压下的力学性能，分别为试验最大荷载 N_{exp}、初始刚度 E_{cs} 以及强度衰减速率 μ_{cs}。值得注意的是，在中等强度或者弱约束钢管混凝土试件的试验曲线中，存在一个明显的试验最大荷载。但是对于强约束钢管混凝土试件，因试件的强度随着应变的增大而一直增加，所以需要定义一个试验最大荷载。从实际应用角度来看，试件太大的形变难以满足正常使用极限状态的要求，故本试验最大荷载定义为 1.5‰纵向应变对应的试件强度或首峰强度的较大值。原因如下：

（1）多数的中等强度或者弱约束钢管混凝土试件的首峰强度对应的纵向应变小于 1.5‰。

（2）在纵向应变达到 1.5‰时，钢管已经达到屈服状态但多数未达到应变强化状态（详见 2.2.2 节），因此可以忽视钢管强化段的影响。而从表 2.1 可以看出，钢管压缩极限应力 σ_{suc} 为压缩屈服应力 σ_{syc} 的 1.06～1.57 倍，若考虑强化状态的影响将极为不可靠，因为强化段完全由钢管的材料特性决定，且有较大的离散性。

（3）在应变超过 1.5‰时，大多数应变片将失效（这对于后续章节的分析尤为重要）。

对于部分强约束钢管混凝土试件，由于技术问题试件并未达到 1.5‰纵向应变，故 N_{exp} 为试验结束时的最大荷载，如试件 CN0-3-114-30。E_{cs} 为初始阶段 N-ε_z 曲线的斜率（从 1/6～1/3 试验最大荷载阶段）除以试件的横截面面积（钢管面积 A_s 加上混凝土面积 A_c）。而试件的强度衰减速率 μ_{cs} 定义为：

$$\mu_{cs} = -\frac{N_{exp} - N_\mu}{\varepsilon_{exp} - \varepsilon_\mu} \times 1000 \tag{2.4}$$

对于弱约束钢管混凝土试件，N_μ 定义为 N_{exp} 的 85%。而对于其他试件，N_μ 定义为对应 5% 纵向应变的强度值（若试验在 5% 纵向应变前结束，则取值为最终应变值）。ε_{exp} 为对应 N_{exp} 的应变值。对于弱约束钢管混凝土试件，ε_μ 为在钢管混凝土柱达到 N_{exp} 后，载荷下降到 N_{exp} 的 85% 时对应的纵向应变，对于其他试件，ε_μ 为 5% 的纵向应变。在某些程度上，μ_{cs} 可以作为试件延性的重要参考。当 μ_{cs} 越大时，代表着试件越容易发生脆性破坏。N_{exp} 和 E_{cs} 的值详见表 2.3，而 ε_{exp}、ε_μ、N_μ 和 μ_{cs} 的值详见表 2.8。

无约束钢管混凝土柱的其他信息　　　　表 2.8

序号	试件	ξ	$\varepsilon_{exp}(\mu\varepsilon)$	N_{exp}(kN)	$\varepsilon_\mu(\mu\varepsilon)$	N_μ(kN)	μ_{cs}	N_{cal}(kN)	N_{exp}/N_{cal}
1	CN0-1-114-30*	0.35	11382	456	26743	446	0.68	467	0.98
2	CN0-1-114-30_1*	0.35	14125	479	27258	470	0.69	469	1.02
3	CN0-1-114-80*	0.14	5077	955	7667	811	55.28	945	1.01
4	CN0-1-114-80_1*	0.14	5211	979	8345	832	46.83	946	1.03
5	CN0-3-114-30	0.98	13521	719	—	—	—	703	1.02
6	CN0-3-114-80	0.38	8763	1199	26520	1019	10.13	1214	0.99
7	CN0-4-139-30_S	1.14	15000	1010	50000	1122	−3.20	1084	0.93
8	CN0-4-139-30_R	1.18	15000	1022	50000	1121	−2.83	1069	0.96
9	CN0-4-139-50	0.70	9971	1297	50000	1137	4.01	1401	0.93
10	CN0-4-139-100_S	0.35	5903	2070	10133	1760	73.41	2160	0.96
11	CN0-4-139-100_R	0.35	6509	2040	8580	1734	147.77	2124	0.96
12	CN0-4-139-120	0.29	4204	2390	5074	2031	412.01	2453	0.97
13	CN0-5-88-120	1.07	6220	1405	50000	1276	2.94	1423	0.99
14	CN0-5-114-50	1.64	15000	1274	50000	1390	−3.31	1362	0.94
15	CN0-5-114-50_1	1.67	15000	1379	50000	1530	−4.31	1361	1.01
16	CN0-5-114-120	0.74	5531	1876	11196	1594	49.67	1980	0.95
17	CN0-5-168-30	1.62	15000	1727	50000	1908	−5.17	1792	0.96
18	CN0-5-168-60	0.79	15000	2556	50000	2665	−3.11	2566	1.00
19	CN0-5-168-80	0.56	4978	2926	7662	2487	163.50	3067	0.95
20	CN0-8-168-30	2.14	15000	2507	50000	2810	−8.65	2560	0.98
21	CN0-8-168-80	1.03	6720	3101	50000	2973	2.96	3289	0.94
22	CN0-8-168-120	0.62	5500	4358	8420	3704	223.88	4322	1.01
23	CN0-10-139-30	4.22	15000	1892	50000	2510	−17.66	1882	1.01
24	CN0-10-139-50	2.54	15000	2207	50000	2750	−15.51	2178	1.01
25	CN0-10-139-90	1.32	15000	2771	50000	2966	−5.56	2842	0.98
26	CN0-10-139-120	1.00	7884	3208	50000	3074	3.19	3172	1.01
27	CN0-10-168-30	4.08	15000	2533	50000	3232	−19.96	2670	0.95
28	CN0-10-168-90	1.16	8231	3940	50000	3838	2.43	4180	0.94
最大值									1.03
最小值									0.93
均值									0.98
标准差									0.0322
变异系数(COV)									0.0329

2.2.4 环约束钢管混凝土构件

1. 试件简介

本节将通过 69 个试件分析环约束钢管混凝土构件的力学性能。这 69 个试件根据钢管几何尺寸和混凝土强度的不同，分为 16 组，每一组中有数个环约束试件（环的间距，S 为 $5t$，$10t$，$12.5t$，$15t$，$20t$，$30t$ 或 $40t$）和一个无约束钢管混凝土试件，详见表 2.4。

2. 试件破坏模态

因为钢环能提供有效的侧向约束，所以与无约束试件不同，环约束钢管混凝土试件的典型破坏模态为两个环之间的局部屈曲，详见图 2.39～图 2.43。另外，由于高强混凝土的脆性更大，钢管和外加钢环无法抵抗高强混凝土快速侧向扩张，导致了钢管高强混凝土

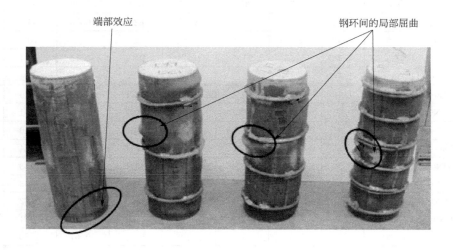

图 2.39 试件 CR（6）n-3-114-30 的破坏模态

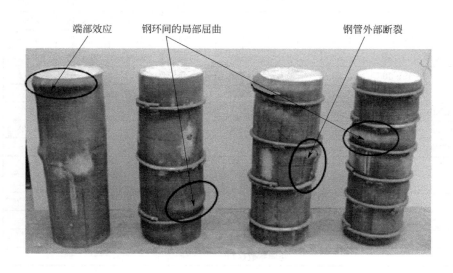

图 2.40 试件 CR（6）n-3-114-80 的破坏模态

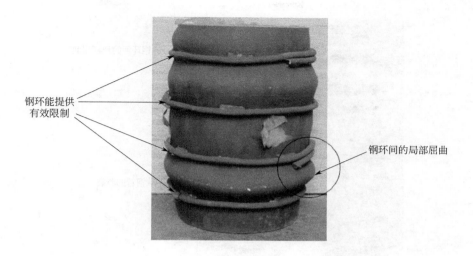

钢环能提供
有效限制

钢环间的局部屈曲

图 2.41　钢管普通强度混凝土试件的破坏模态（CR10-8-168-30）

高强混凝土破碎
导致的不规则形变

图 2.42　钢管高强混凝土试件的破坏模态（CR20-5-168-80）

试件的破坏模态不同于钢管普通混凝土试件，如图 2.42 所示，核心高强混凝土已出现剪切破坏面。图 2.40 显示，试件 CR（6）30-3-114-80 的钢管在中部裂开，这是在钢管普通强度混凝土试件上无法观测到的现象。图 2.43 显示，对于钢管超高强混凝土试件来说，超高强混凝土的脆性引起了钢管和钢环的断裂。为了能更直观地观测核心混凝土的破坏模态，在钢管混凝土试件破坏后，将钢管切成两半后移开，如图 2.44 和图 2.45 所示，在钢管向外凸出处，核心混凝土被压碎。外加钢环提供的约束力使得试件不再因为端部屈曲引起破坏，而是由于两环之间鼓起发生破坏。混凝土的强度越高，越容易产生脆性破坏。

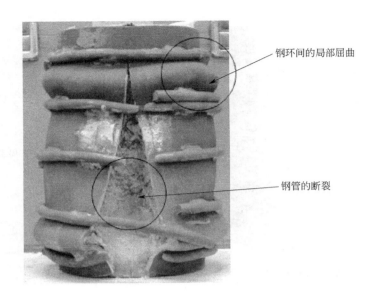

图 2.43 钢管超高强混凝土试件的破坏模态（CR10-5-114-120）

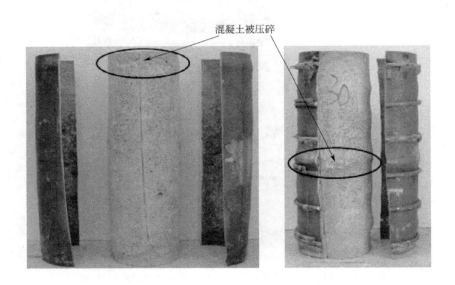

图 2.44 试件 CN0-3-114-30 和 CR（6）20-3-114-30 的核心混凝土破坏模态

3. 纵向荷载-应变（位移）关系曲线

环约束钢管混凝土构件的 N-ε_z（Disp.）曲线如图 2.46～图 2.61 所示。N_{exp}、E_{cs} 以及强度和刚度的增强系数 α 和 β 如表 2.4 所示。而强度衰退速率 μ_{cs} 则记录在表 2.9 中。α 和 β 定义为：

$$\alpha = \frac{N_{\text{exp}-c}}{N_{\text{exp}-u}} \tag{2.5}$$

混凝土被压碎

图 2.45　试件 CN0-3-114-80 和 CR（6）20-3-114-80 的核心混凝土破坏模态

$$\beta = \frac{E_{cs-c}}{E_{cs-u}} \qquad (2.6)$$

式中，N_{exp-c} 和 N_{exp-u} 分别为约束试件和无约束试件的试验最大荷载；E_{cs-c} 和 E_{cs-u} 分别为约束试件和无约束试件的初始刚度。

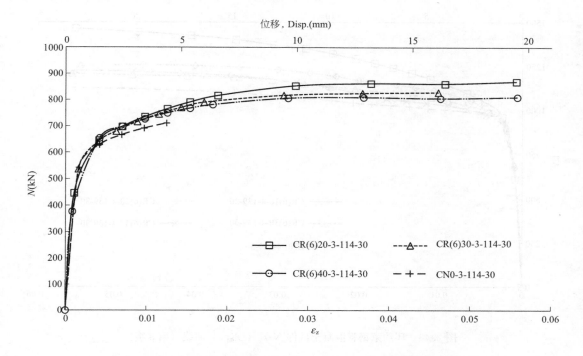

图 2.46　环约束钢管混凝土试件 N-ε_z（Disp.）曲线（第 1 组）

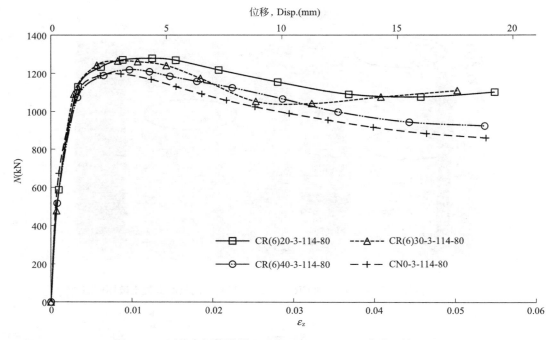

图 2.47　环约束钢管混凝土试件 N-ε_z（Disp.）曲线（第 2 组）

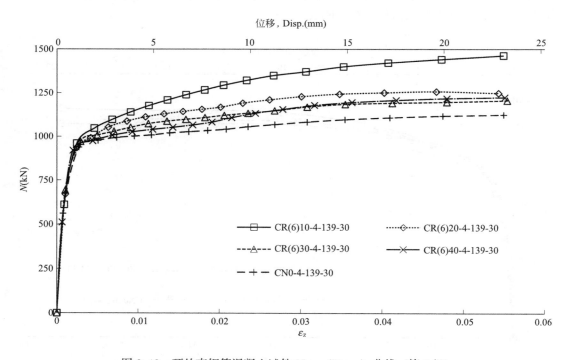

图 2.48　环约束钢管混凝土试件 N-ε_z（Disp.）曲线（第 3 组）

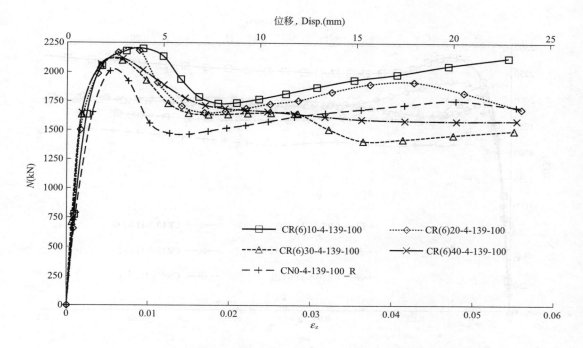

图 2.49 环约束钢管混凝土试件 N-ε_z（Disp.）曲线（第 4 组）

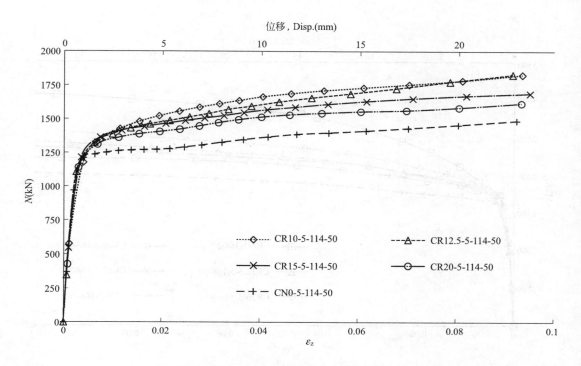

图 2.50 环约束钢管混凝土试件 N-ε_z（Disp.）曲线（第 5 组）

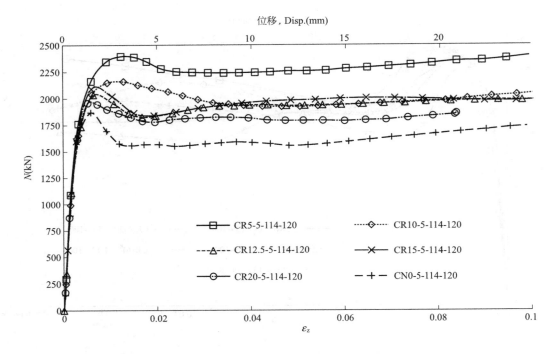

图 2.51　环约束钢管混凝土试件 $N\text{-}\varepsilon_z$（Disp.）曲线（第 6 组）

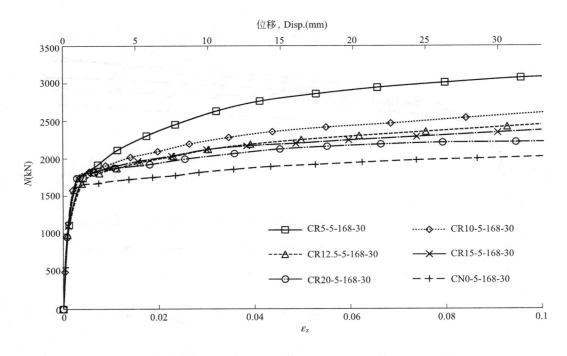

图 2.52　环约束钢管混凝土试件 $N\text{-}\varepsilon_z$（Disp.）曲线（第 7 组）

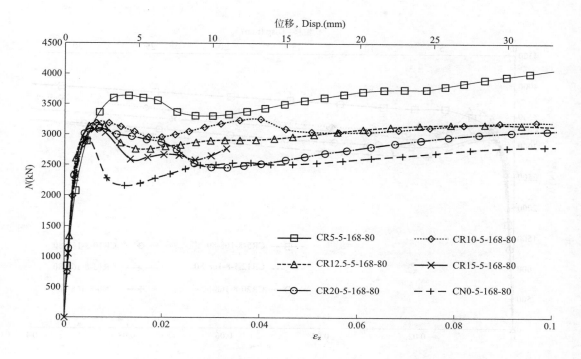

图 2.53 环约束钢管混凝土试件 $N\text{-}\varepsilon_z$ （Disp.）曲线（第 8 组）

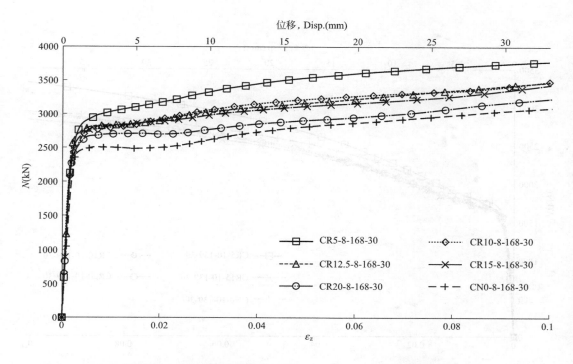

图 2.54 环约束钢管混凝土试件 $N\text{-}\varepsilon_z$ （Disp.）曲线（第 9 组）

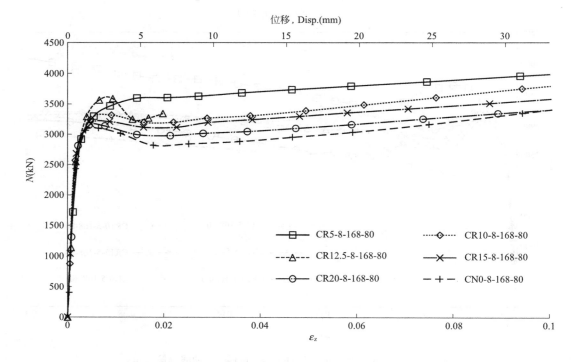

图 2.55　环约束钢管混凝土试件 N-ε_z（Disp.）曲线（第 10 组）

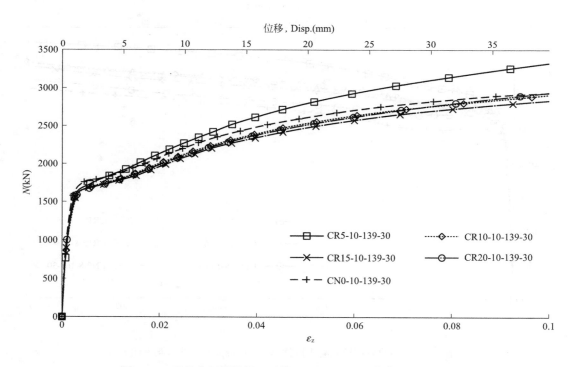

图 2.56　环约束钢管混凝土试件 N-ε_z（Disp.）曲线（第 11 组）

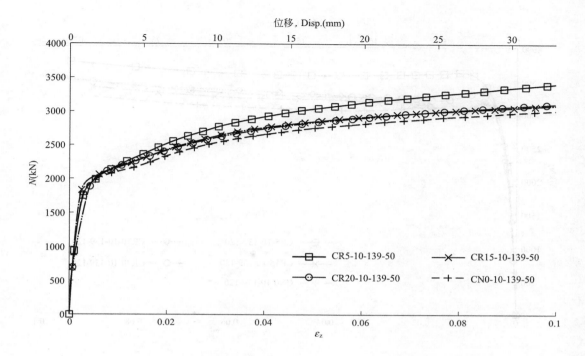

图 2.57 环约束钢管混凝土试件 N-ε_z（Disp.）曲线（第 12 组）

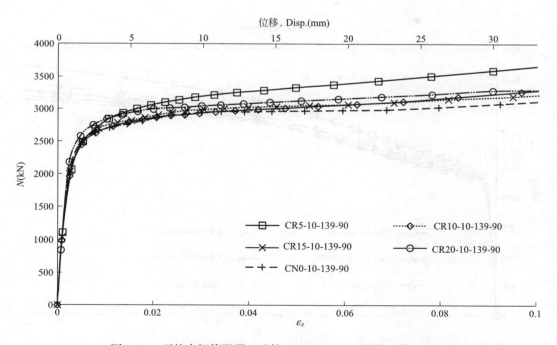

图 2.58 环约束钢管混凝土试件 N-ε_z（Disp.）曲线（第 13 组）

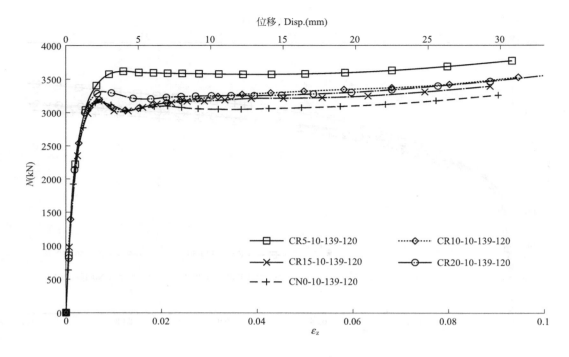

图 2.59　环约束钢管混凝土试件 N-ε_z（Disp.）曲线（第 14 组）

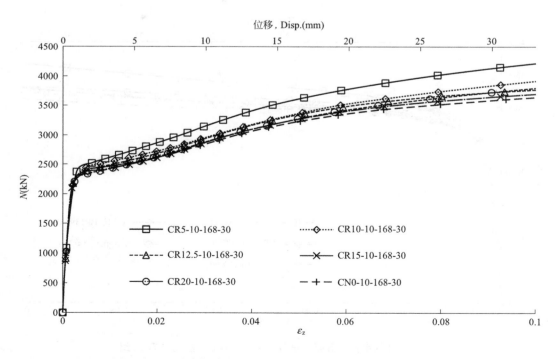

图 2.60　环约束钢管混凝土试件 N-ε_z（Disp.）曲线（第 15 组）

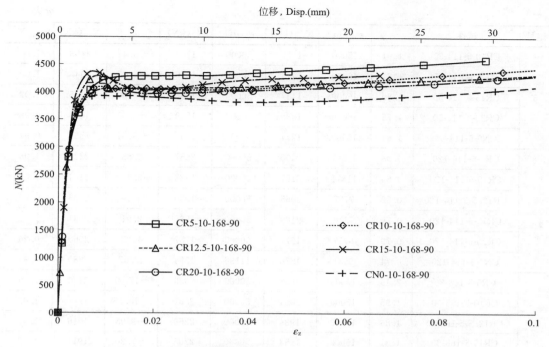

图 2.61　环约束钢管混凝土试件 N-ε_z（Disp.）曲线（第 16 组）

环约束钢管混凝土试件的其他信息　　　　　　　　　　　　　　表 2.9

组号	试件	ξ	$\varepsilon_{exp}(\mu\varepsilon)$	$N_{exp}(kN)$	$\varepsilon_{\mu}(\mu\varepsilon)$	$N_{\mu}(kN)$	μ_{cs}	$N_{cal}(kN)$	N_{exp}/N_{cal}
1	CR(6)20-3-114-30	1.16	15000	784	50000	875	−2.61	768	1.02
	CR(6)30-3-114-30	1.11	15000	773	50000	847	−2.11	747	1.04
	CR(6)40-3-114-30	1.07	14930	763	50000	824	−1.75	734	1.04
	CN0-3-114-30	0.98	13521	719	—	—	—	703	1.02
2	CR(6)20-3-114-80	0.45	13725	1281	37449	1089	8.10	1295	0.99
	CR(6)30-3-114-80	0.43	8948	1266	23719	1076	12.86	1261	1.00
	CR(6)40-3-114-80	0.42	9986	1220	31253	1037	8.60	1258	0.97
	CN0-3-114-80	0.38	8763	1199	26520	1019	10.13	1214	0.99
3	CR(6)10-4-139-30	1.41	15000	1228	50000	1452	−6.39	1177	1.04
	CR(6)20-4-139-30	1.30	15000	1140	50000	1258	−3.38	1130	1.01
	CR(6)30-4-139-30	1.25	15000	1092	50000	1200	−3.09	1103	0.99
	CR(6)40-4-139-30	1.24	15000	1054	50000	1223	−4.81	1094	0.96
	CN0-4-139-30_R	1.18	15000	1022	50000	1121	−2.83	1069	0.96
4	CR(6)10-4-139-100	0.42	8931	2203	14851	1873	55.83	2255	0.98
	CR(6)20-4-139-100	0.39	6945	2194	11610	1865	70.54	2201	1.00
	CR(6)30-4-139-100	0.38	5599	2147	11400	1825	55.51	2170	0.99
	CR(6)40-4-139-100	0.37	6136	2119	13930	1802	40.79	2157	0.98
	CN0-4-139-100_R	0.35	6509	2040	8580	1734	147.77	2124	0.96

组号	试件	ξ	$\varepsilon_{exp}(\mu\varepsilon)$	$N_{exp}(kN)$	$\varepsilon_\mu(\mu\varepsilon)$	$N_\mu(kN)$	μ_{cs}	$N_{cal}(kN)$	N_{exp}/N_{cal}
5	CR10-5-114-50	1.91	15000	1477	50000	1702	−6.42	1483	1.00
	CR12.5-5-114-50	1.84	15000	1445	50000	1656	−6.03	1446	1.00
	CR15-5-114-50	1.80	15000	1437	50000	1598	−4.60	1415	1.02
	CR20-5-114-50	1.75	15000	1388	50000	1539	−4.31	1418	0.98
	CN0-5-114-50	1.64	15000	1274	50000	1390	−3.31	1362	0.94
6	CR5-5-114-120	0.98	12807	2400	50000	2257	3.83	2227	1.08
	CR10-5-114-120	0.85	11871	2167	50000	1923	6.40	2104	1.03
	CR12.5-5-114-120	0.82	7737	2065	50000	1930	3.19	2083	0.99
	CR15-5-114-120	0.79	7316	2109	50000	1985	2.91	2081	1.01
	CR20-5-114-120	0.79	6157	1977	50000	1787	4.33	2060	0.96
	CN0-5-114-120	0.74	5531	1876	11196	1594	49.67	1980	0.95
7	CR5-5-168-30	2.19	15000	2232	50000	2836	−17.27	2130	1.05
	CR10-5-168-30	1.95	15000	2004	50000	2387	−10.95	1971	1.02
	CR12.5-5-168-30	1.86	15000	1934	50000	2250	−9.03	1916	1.01
	CR15-5-168-30	1.81	15000	1953	50000	2205	−7.20	1914	1.02
	CR20-5-168-30	1.80	15000	1896	50000	2142	−7.02	1877	1.01
	CN0-5-168-30	1.62	15000	1727	50000	1908	−5.17	1792	0.96
8	CR5-5-168-80	0.75	12212	3643	50000	3567	2.01	3504	1.04
	CR10-5-168-80	0.65	7475	3205	50000	3046	3.74	3290	0.97
	CR12.5-5-168-80	0.64	6193	3178	50000	2980	4.52	3207	0.99
	CR15-5-168-80	0.62	6167	3079	12030	2617	78.77	3223	0.96
	CR20-5-168-80	0.62	5664	3149	24094	2677	25.63	3148	1.00
	CN0-5-168-80	0.56	4978	2926	7662	2487	163.50	3067	0.95
9	CR5-8-168-30	2.21	15000	3097	50000	3536	−12.54	2854	1.09
	CR10-8-168-30	2.11	15000	2840	50000	3217	−10.77	2739	1.04
	CR12.5-8-168-30	2.05	15000	2854	50000	3163	−8.82	2716	1.05
	CR15-8-168-30	2.02	15000	2859	50000	3117	−7.39	2713	1.05
	CR20-8-168-30	1.99	15000	2711	50000	2905	−5.54	2715	1.00
	CN0-8-168-30	2.14	15000	2507	50000	2810	−8.65	2560	0.98
10	CR5-8-168-80	1.18	10094	3597	50000	3748	−3.78	3516	1.02
	CR10-8-168-80	1.09	8869	3317	50000	3388	−1.72	3391	0.98
	CR12.5-8-168-80	0.96	8505	3600	50000	3699	−2.40	3598	1.00
	CR15-8-168-80	1.08	10112	3218	50000	3303	−2.13	3365	0.96
	CR20-8-168-80	1.07	5705	3171	50000	3109	1.40	3377	0.94
	CN0-8-168-80	1.03	6720	3101	50000	2973	2.96	3289	0.94

续表

组号	试件	ξ	$\varepsilon_{exp}(\mu\varepsilon)$	$N_{exp}(kN)$	$\varepsilon_{\mu}(\mu\varepsilon)$	$N_{\mu}(kN)$	μ_{cs}	$N_{cal}(kN)$	N_{exp}/N_{cal}
	CR5-10-139-30	4.66	15000	1986	50000	2791	−23.00	1970	1.01
	CR10-10-139-30	4.47	15000	1875	50000	2530	−18.73	1922	0.98
11	CR15-10-139-30	4.38	15000	1838	50000	2473	−18.14	1907	0.96
	CR20-10-139-30	4.36	15000	1860	50000	2511	−18.61	1894	0.98
	CN0-10-139-30	4.22	15000	1892	50000	2510	−17.66	1882	1.01
	CR5-10-139-50	2.79	15000	2360	50000	3038	−19.37	2312	1.02
	CR10-10-139-50	2.69	15000	2278	50000	2866	−16.80	2242	1.02
12	CR15-10-139-50	2.62	15000	2296	50000	2849	−15.79	2248	1.02
	CR20-10-139-50	2.61	15000	2298	50000	2835	−15.34	2211	1.04
	CN0-10-139-50	2.54	15000	2207	50000	2750	−15.51	2178	1.01
	CR5-10-139-90	1.46	15000	2968	50000	3333	−10.43	2965	1.00
	CR10-10-139-90	1.39	15000	2796	50000	3022	−6.44	2899	0.96
13	CR15-10-139-90	1.38	15000	2819	50000	3047	−6.50	2867	0.98
	CR20-10-139-90	1.36	15000	2936	50000	3120	−5.25	2859	1.03
	CN0-10-139-90	1.32	15000	2771	50000	2966	−5.56	2842	0.97
	CR5-10-139-120	1.10	9890	3592	50000	3580	0.30	3285	1.09
	CR10-10-139-120	1.04	7333	3207	50000	3320	−2.65	3221	1.00
14	CR15-10-139-120	1.03	6824	3180	50000	3220	−0.93	3209	0.99
	CR20-10-139-120	1.02	8708	3301	50000	3273	0.67	3161	1.04
	CN0-10-139-120	1.00	7884	3208	50000	3074	3.19	3172	1.01
	CR5-10-168-30	4.42	15000	2741	50000	3616	−25.00	2792	0.98
	CR10-10-168-30	4.27	15000	2633	50000	3364	−20.89	2720	0.97
15	CR12.5-10-168-30	4.24	15000	2581	50000	3346	−21.87	2725	0.95
	CR15-10-168-30	4.21	15000	2512	50000	3273	−21.74	2730	0.92
	CR20-10-168-30	4.19	15000	2524	50000	3278	−21.55	2713	0.93
	CN0-10-168-30	4.08	15000	2533	50000	3232	−19.96	2670	0.95
	CR5-10-168-90	1.26	14950	4290	50000	4396	−3.03	4322	0.99
	CR10-10-168-90	1.21	8877	4130	50000	4122	0.19	4233	0.98
16	CR12.5-10-168-90	1.20	8503	4285	50000	4293	−0.18	4215	1.02
	CR15-10-168-90	1.19	7207	4361	50000	4263	2.30	4216	1.03
	CR20-10-168-90	1.18	10600	4063	50000	4064	−0.03	4183	0.97
	CN0-10-168-90	1.16	8231	3940	50000	3838	2.43	4180	0.94
最大值									1.09
最小值									0.92
均值									1.00
标准差									0.0356
变异系数(COV)									0.0357

从图 2.46～图 2.61 可以看出，外加钢环可以有效约束钢管混凝土试件的横向变形，从而改善钢管和混凝土界面粘结力，最终提升试件的强度、刚度以及延性。例如，图 2.46 试件 CR（6）20-3-114-30 的外加约束间距最小（即外加约束数量最多，提供的约束应力也最大），承载力最大，后期曲线上升的速率也最高。对于试件 CN0-3-114-30，承载力最小，后期曲线最平缓。从表 2.4 可以看出，在环约束作用下，试件的承载力和刚度能得到较大提升，承载力最高提升 29%，平均提升 7%；而刚度最高提升 33%，平均提升 7%。值得一提的是，环间距越小，提升效果就越好，因为随着环间距缩小，钢环可以提供更大及更均匀的约束应力。由表 2.9 和图 2.46～图 2.61 可知，环约束试件的强度衰减速率 μ_{cs} 一般都比无约束试件的小，而且随着环间距增大，μ_{cs} 越大。值得注意的是，当环间距小到一定程度时，试件的强度将不再衰退，如试件 CR5-8-168-80 和 CR5-10-168-90。这更好地验证了外加钢环的有效性，尤其当间距足够小时。

与空心钢管试件不同，由于内部混凝土的"支撑"效应，钢管的几何缺陷和焊接应力对钢管混凝土试件的力学性能影响不大。在钢管表面焊接了钢环后，钢管混凝土的强度、刚度和延性得到了非常大的提高，这有两方面原因：其一，在初始弹性阶段，外加钢环可以有效地限制混凝土和钢管的横向变形，增强约束效应。其二，在塑性阶段，尤其当混凝土开始破碎时，钢环有效延缓了钢管的屈曲形变。本节的相关内容可参考 Lai 和 Ho（2014a，2014b，2015b）。

2.2.5 夹套约束钢管混凝土构件

1. 试件简介

如 2.2.4 节所述，外加钢环可以有效提高试件的强度、刚度以及延性。然而，一方面，钢环的安装需要焊接，会增加钢管的几何缺陷，另一方面，对于超薄壁钢管（$D_o/t > 100$）或者壁厚非常小的钢管而言，焊接非常困难。再者，Su 和 Wang（2012）研究发现，在不卸载加固的情况下，对于钢筋混凝土构件，会存在加固材料与原试件之间的应力滞后效应，这个效应会大大降低加固的有效性。对于钢管混凝土构件来说，暂无关于在不卸载情况下对原钢管混凝土构件进行加固，也未见关于加固材料和原钢管混凝土构件之间的应力滞后效应的研究。然而，在不卸载情况下的加固才最贴近实际工程应用，为了探讨应力滞后效应的影响，使用外加夹套来加固钢管混凝土构件。图 2.6 显示的是夹套的照片。

在本章中，共制作和试验了 10 根超薄壁钢管混凝土试件（$D_o/t > 100$）。试验主要参数为混凝土强度、夹套间距和初始荷载水平。试件参数详见表 2.5。根据混凝土圆柱体强度 f_c' 的不同，共分成了两组：①第 17 组，5 根钢管混凝土试件，混凝土 f_c' 为 30MPa；②第 18 组，5 根钢管混凝土试件，混凝土 f_c' 为 80MPa。每一组中有 1 个无约束钢管混凝土试件和 4 个夹套约束试件，夹套的间距 S 为 60mm 和 120mm，相当于 $60t$ 和 $120t$（$t = 1$mm），为了反映实际加固工程的特点，每一组中有两个夹套加固的试件是在钢管混凝土试件的承载力达到无约束试件的最高承载力的 50% 才安装夹套，而其他试件则是在轴心受压前就安装夹套。

试验的仪器、设备以及加载程序与无约束试件一致，但对于不卸载加固的试件而言，需在试件承载力达到无约束试件最高承载力 50％时安装夹套，安装前需要先将压力机的速率调整至 0mm/min。为了在安装过程中夹套能提供均匀的约束力，中间部位的夹套将先拧紧，若中间部位存在两个夹套，则需同时拧紧。然后再把其他夹套拧紧，拧紧顺序为从中间到两边。安装结束后，加载速率调整为初始加载速率，即 0.3mm/min。

2. 破坏模态

图 2.62、图 2.63 描述了夹套约束和无约束钢管混凝土试件的破坏模态。可以看出，无约束试件的破坏模态为端部屈曲破坏；而对于夹套约束试件，由于夹套能提供有效的约束应力，所以无明显的端部效应，破坏模态转换为在两个夹套之间的鼓凸。与环约束试件相同，由于高强混凝土较普通混凝土更脆，试件呈现出了剪切破坏面。为了能更直观地观察核心混凝土的破坏模态，在钢管混凝土试件失效后，将钢管切成两半后移开。图 2.64 ～图 2.67 显示，在钢管鼓凸的地方，混凝土被压碎。对于普通强度混凝土，破坏模态为混凝土压碎。而对于高强混凝土，见试件 CN0-1-114-80，存在一个明显的剪切破坏面，剪切破坏角经测量后为 73°。通过夹套约束，从图 2.67 可以看出虽然核心混凝土还是存在一个明显的剪切破坏面，但剪切破坏角下降为 47°，这也说明了夹套的有效性。

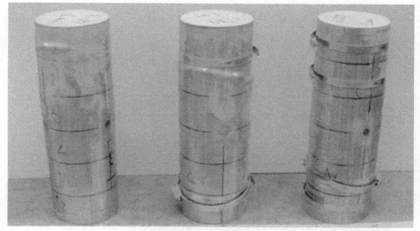

图 2.62　夹套约束钢管普通强度混凝土试件的破坏模态（第 17 组）

图 2.63　夹套约束钢管高强混凝土试件的破坏模态（第 18 组）

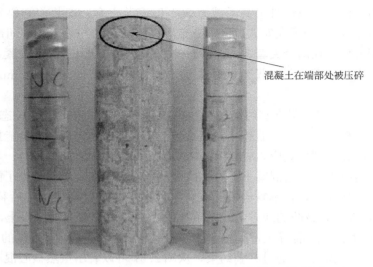

混凝土在端部处被压碎

图 2.64　试件 CN0-1-114-30 的核心混凝土破坏模态

混凝土在中部被压碎

图 2.65　试件 CJ60-1-114-30 的核心混凝土破坏模态

3. 纵向荷载-应变关系曲线

夹套约束钢管混凝土试件的 N-ε_z 曲线如图 2.68～图 2.71 所示。N_{exp}、E_{cs} 以及强度和刚度的增强系数，α 和 β 如表 2.5 所示。而强度衰减速率 μ_{cs} 则记录在表 2.10 中。图 2.68 和图 2.69 显示，对于钢管普通强度混凝土试件，在弹性阶段，N 随着 ε_z 的增加而增大。在随后的加载阶段，N 的增加速率减缓直至达到最大值。随后，N 随着 ε_z 的增加而减小，最终在纵向应变达到 1.5％时，夹套约束试件的强度为最大试验强度的 97％，而无约束试件为 95％。对于钢管高强混凝土试件，图 2.70 和图 2.71 显示，过了首峰强度后，N 随着 ε_z 的增加而下降，而下降的速率较钢管普通混凝土试件要快得多。这意味着此时钢管和夹套提供的约束应力不足以很好地约束高强混凝土。从图 2.68～图 2.71 和表 2.5、表 2.10 可以看出，夹套可以有效增强钢管混凝土试件的强度、刚度和延性。随着夹

混凝土剪切破坏面，
剪切角为73°

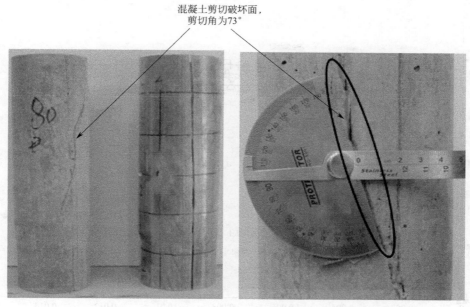

图 2.66　试件 CN0-1-114-80 的核心混凝土破坏模态

混凝土剪切破坏面，
剪切角为47°

图 2.67　试件 CJ60-1-114-80 的核心混凝土破坏模态

套的间距越小，强度和延性提高的程度越大。其中，承载力提高最大的是试件 CJ60-1-114-30（夹套间距最小），提高幅度为 12%。

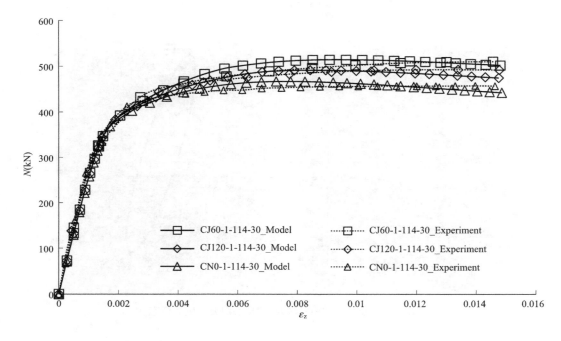

图 2.68　夹套约束钢管混凝土试件 N-ε_z 曲线（CJn-1-114-30）

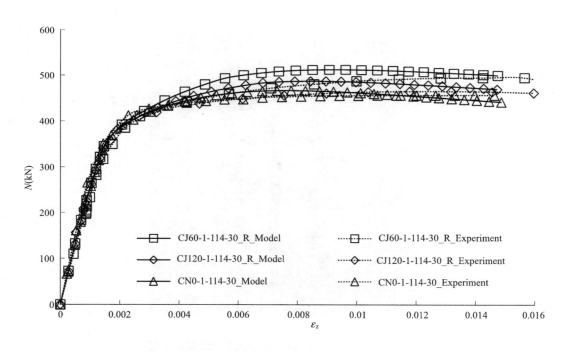

图 2.69　夹套约束钢管混凝土试件 N-ε_z 曲线（CJn-1-114-30_R）

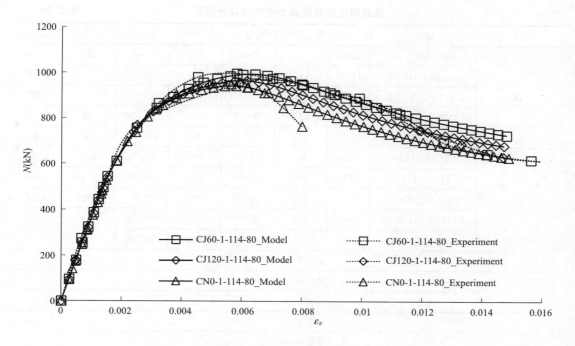

图 2.70 夹套约束钢管混凝土试件 N-ε_z 曲线 （CJn-1-114-80）

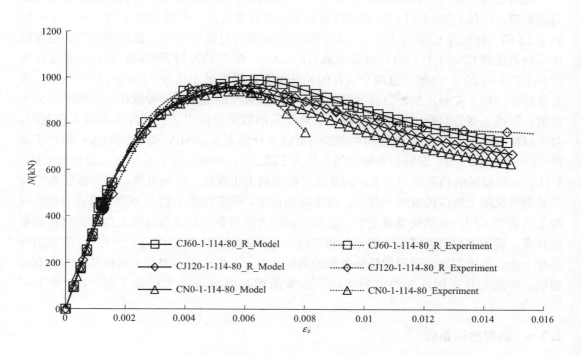

图 2.71 夹套约束钢管混凝土试件 N-ε_z 曲线 （CJn-1-114-80_R）

夹套约束钢管混凝土试件的其他信息　　　　　　表 2.10

组号	试件	$\varepsilon_{exp}(\mu\varepsilon)$	$N_{exp}(kN)$	$\varepsilon_{\mu}(\mu\varepsilon)$	$N_{\mu}(kN)$	μ_{cs}	$N_{cal}(kN)$	N_{exp}/N_{cal}
17	CJ60-1-114-30	13861	510	21394	505	0.64	513	0.99
	CJ120-1-114-30	14439	495	28715	469	1.81	491	1.01
	CJ60-1-114-30_R	13591	492	—	—	—	508	0.97
	CJ120-1-114-30_R	12391	470	26810	441	2.01	486	0.97
	CN0-1-114-30	11382	456	26743	446	0.68	467	0.98
18	CJ60-1-114-80	5525	999	11190	849	26.45	995	1.00
	CJ120-1-114-80	6759	966	10959	821	34.50	967	1.00
	CJ60-1-114-80_R	5696	980	10439	833	30.99	990	0.99
	CJ120-1-114-80_R	4964	962	9116	818	34.75	964	1.00
	CN0-1-114-80	5077	955	7667	811	55.28	945	1.01
最大值								1.01
最小值								0.97
均值								0.99
标准差								0.0157
变异系数(COV)								0.0159

从图 2.68～图 2.71 和表 2.5、表 2.10 可以看出，应力滞后效应对钢管混凝土试件加固的影响：试件 CJ60-1-114-30 的夹套是在受压之前安装的，其最大强度为 CN0-1-114-30 的 1.12 倍。而试件 CJ60-1-114-30_R 的夹套是在受力过程中安装，更准确地说，是在试件承载力达到 CN0-1-114-30 的极限承载力的 50%，即 233kN 时安装的，其最大强度仅为 CN0-1-114-30 的 1.08 倍。这两个试件的差异主要是因为对于试件 CJ60-1-114-30_R，夹套是在受力后才安装，初始阶段钢管的横向变形要大于混凝土的，导致相应的约束应力为负值，影响了钢管混凝土试件的强度。从第 3 章的数值分析中，当试件达到最大荷载时，对于试件 CJ60-1-114-30，钢管和夹套的约束应力分别为 2.39MPa 和 1.50MPa；而对于试件 CJ60-1-113-30_R，钢管和夹套的约束应力下降至 2.28MPa 和 1.49MPa。故试件 CJ60-1-114-30 可提供的约束应力更大，因此试件的承载力也越高。分析可得，应力滞后效应会降低钢管混凝土试件的极限承载力，但也必须指出，钢管混凝土的应力滞后模式与钢筋混凝土的截然不同。在钢筋混凝土中，混凝土的应力滞后效应将导致混凝土在加固材料屈服前破坏，即加固材料强度尚未被完全利用就产生了破坏（Su 和 Wang，2012）。但在钢管混凝土中，由于混凝土受到钢管和夹套的共同约束，一般来说，混凝土的破坏是在夹套屈服后，即能充分运用外加约束的强度。本节的相关内容可参考相关文献（Lai 和 Ho，2015a）。

2.2.6　临界套箍系数

当钢管和混凝土强度确定时，存在一个临界的含钢量（或 D_o/t），大于此含钢量（或小于 D_o/t），钢管混凝土试件的 N-ε_z 曲线无下降段，即图 2.35 的种类 i 和 ii。然而，σ_{sy}、f_c' 和 D_o/t 三者之间的关系错综复杂，仅仅由试验结果难以确定。本书选取了一个重

要的参数 ξ，用以反映钢管混凝土的组合效应，同时综合考虑外加约束的影响，ξ 的公式如下：

$$\xi = \frac{A_{st}\sigma_{sy}}{A_c f_c'} \tag{2.7}$$

对于超薄壁钢管混凝土试件，钢管在达到屈服应力之前就已经失稳而造成屈曲破坏。在这种情况下，需要使用弹性屈曲应力 $\sigma_{sy,b}$ 来取代屈服应力 σ_{sy}（详见第 3 章）。

对于外加约束钢管混凝土试件：

$$A_{st} = A_s + \frac{\pi}{4}\frac{d^2 \pi D_o \sigma_{ssE}}{S \sigma_{sy}} \tag{2.8}$$

所有的 ξ 值经计算后，记录在表 2.8、表 2.9 中。ξ 值和混凝土强度直接影响着钢管混凝土试件的 N-ε_z 曲线：

① 对于钢管普通强度混凝土试件，当 ξ 值很大时，如第 11 组（$4.22 \leqslant \xi \leqslant 4.66$）和第 15 组（$4.08 \leqslant \xi \leqslant 4.42$）试件，试验曲线在弹塑性阶段出现典型的屈服点，在塑性阶段的斜率也较大（图 2.35 中的种类 ⅰ）。

② 对于钢管普通强度混凝土试件，当 ξ 值在情况①和③之间时，如第 1 组（$0.98 \leqslant \xi \leqslant 1.16$），第 3 组（$1.18 \leqslant \xi \leqslant 1.41$），第 5 组（$1.64 \leqslant \xi \leqslant 1.91$）和第 7 组（$1.62 \leqslant \xi \leqslant 2.19$）等试件，试验曲线在弹塑性阶段出现的屈服点无情况①这般明显，在塑性阶段的斜率也较情况①小（图 2.35 中的种类 ⅱ）。

③ 对于钢管普通强度混凝土试件，当 ξ 值很小时，如试件 CN0-1-114-30（$\xi = 0.35$）和试件 CN0-4-139-50（$\xi = 0.70$），试验曲线在塑性阶段呈现出应变软化特性（图 2.35 中的种类 ⅲ～ⅴ）。

④ 对于钢管高强度混凝土试件，当 ξ 值很大时，如第 13 组（$1.32 \leqslant \xi \leqslant 1.46$）的试件，试验曲线与情况②的钢管普通强度混凝土试件类似，即在塑性阶段呈现出较小程度的应变强化段（图 2.35 中的种类 ⅰ 或 ⅱ）。

⑤ 对于钢管高强度混凝土试件，当 ξ 值较小时，如第 2 组（$0.38 \leqslant \xi \leqslant 0.45$），第 4 组（$0.35 \leqslant \xi \leqslant 0.42$）和第 8 组（$0.56 \leqslant \xi \leqslant 0.75$）等试件，试验曲线在塑性阶段呈现出应变软化特性（图 2.35 中的种类 ⅲ～ⅴ）。当试件的 ξ 值最小、混凝土强度最大时（CN0-4-139-120，$\xi = 0.29$，$f_c' = 125.3$MPa），其强度衰减速率 μ_{cs} 也最大。值得注意的是，对于某些外加约束钢管混凝土试件，如试件 CR5-8-168-80（$\xi = 1.18$）和 CR5-10-168-90（$\xi = 1.26$），由于外加约束的作用，钢管混凝土试件的 N-ε_z 曲线从有下降段转变为无下降段，且在后期阶段中，强度随着应变的增加而增大。

综上所述，当 ξ 值达到某个数值时，钢管混凝土试件的 N-ε_z 曲线从有下降段转变为无下降段，此数值称为临界套箍系数 ξ_{cr}。韩林海通过试验及数值模拟指出，对于圆钢管混凝土构件，$\xi_{cr} = 1.12$（韩林海，2007）。但他并未考虑另一个重要参数，即混凝土强度的影响。本书为了更精准地评估出 ξ_{cr} 的大小，混凝土强度也作为一个重要的研究参数。

除试验结果外，为了扩大数据量和适用性，在本次推导过程中，还采用了多名学者的试验数据作对比（Huang 等，2002；Johansson，2002；Giakoumelis 和 Lam，2004；Han 和 Yao，2004；Sakino 等，2004；Yu 等，2007；Uy 等，2011；Abed 等，2013），其他学者的试验数据详见第 4 章，并在图 2.72 中描绘了 ξ-f_c' 的变化关系图。可以看出，

ξ_{cr} 与 f'_c 强相关，且随着混凝土强度的增加，ξ_{cr} 值变大直至一个极限值 1.26。需要注意的是，第 14 组中，全部钢管超高强混凝土试件都展现出承载力下降的现象。然而，试件 CR5-10-139-120（μ_{cs}=0.3，ξ=1.10）仅展示出非常缓的下降段，通过插值法可以确定，当 f'_c=120MPa 时，ξ_{cr}=1.26 能使得曲线不出现下降段；而当 f'_c<25MPa 时，因为数据量太小，故为了谨慎起见，ξ_{cr} 取值为 0.50。最后，得出 ξ_{cr} 和 f'_c（0<f'_c≤120MPa）的关系式：

$$\xi_{cr}=\begin{cases} 0.50 & f'_c \in (0,25] \\ 0.0117f'_c+0.2077 & f'_c \in (25,90] \\ 1.26 & f'_c \in (90,125] \end{cases} \tag{2.9}$$

式（2.9）的使用范围为：（1）混凝土强度：0<f'_c≤125MPa；（2）钢管强度：250MPa≤σ_{sy}≤460MPa。

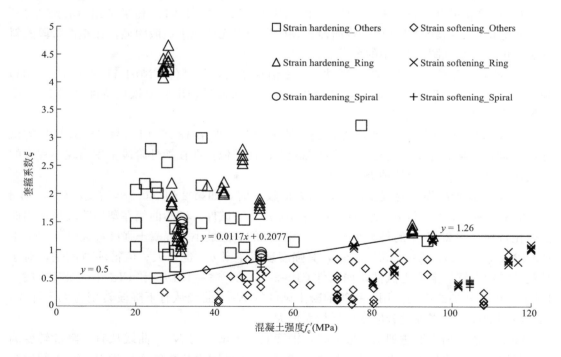

图 2.72　套箍系数 ξ 与混凝土强度 f'_c 的关系

2.3　结论

本章采用了外加约束（钢环与夹套）来提升圆形空心钢管与钢管混凝土试件在轴心受压时的力学性能。通过 145 个试验，包括 40 个空心钢管（19 个使用了外加约束，21 个无外加约束）以及 105 个钢管混凝土试件（28 个无外加约束，69 个环约束和 8 个夹套约束），深入探讨了外加约束对于试件力学性能的影响，以下是本章的结论：

（1）外加约束对空心钢管试件的 E_s、σ_{syc} 和 σ_{suc} 的提升效益不大，但可以大大提升空心钢管试件的延性，从而增强结构的抗震性能。

（2）外加钢环可以有效限制钢管混凝土试件的横向变形，从而改善钢管和混凝土之间的界面粘结力，最终提升试件的强度、刚度以及延性。

（3）夹套可以有效增强钢管混凝土试件的力学性能，如承载力、刚度和延性。应力滞后效应虽然会降低钢管混凝土试件的极限承载力，但相比钢筋混凝土的加固而言，应力滞后效应对钢管混凝土试件的加固影响较小。

（4）混凝土的破坏形式可以分为以下三种：劈裂破坏、剪切破坏与压碎破坏，这三种破坏形式与混凝土的约束应力及混凝土的强度息息相关。

（5）外加约束能有效地抑制混凝土的剪切破坏。

（6）当 ξ 值达到某个数值时，钢管混凝土试件的 N-ε_z 曲线从有下降段转变为无下降段，此数值称为临界套箍系数 ξ_{cr}，ξ_{cr} 与 f_c' 强相关。

3

轴心受压钢管混凝土构件工作机理

3.1 环-纵向应变关系试验结果分析

3.1.1 轴心受压时钢管与混凝土的相互作用

钢管和混凝土在轴心受压时，由于横向变形的不同致使两者之间产生了相互作用，这种复杂的应力状态影响着钢管混凝土组合结构的力学性能。为了更直观地展现这种相互作用，图 3.1 同时绘制了钢管混凝土、空心钢管和素混凝土试件（30MPa）的环-纵向应变关系曲线。在本书中，除非有特别的说明，拉伸应力和应变为负值，压缩应力和应变为正值。在图 3.1 中，试件 HSTN0-3-114 和 CN0-3-114-30 的环-纵向应变曲线数据来源于第 2 章的试验，而 30MPa 混凝土的曲线则引自 Harries 和 Kharel（2003）的文章。在初始受力阶段，混凝土的横向变形比钢管的小，钢管和混凝土界面有脱粘的趋势，导致约束应力为负值，即钢管环向受压。这个阶

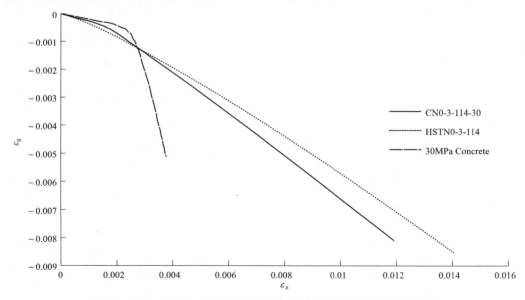

图 3.1 钢管混凝土、空心钢管及素混凝土试件的环-纵向应变曲线

段相对较短，随着纵向应变的增大，核心混凝土产生越来越多的微裂缝，致使其横向变形系数增大，渐渐地便超过了钢管的泊松比。根据应变协调条件，在钢管混凝土中，如果钢管和混凝土的界面粘结未受到破坏，二者之间应该拥有着相同的横向变形，便会产生相互作用。所以，在未脱粘的情况下，钢管混凝土试件的环-纵向应变关系曲线应在这二者之间，如图 3.1 所示。这两种材料复杂的相互作用便是影响钢管混凝土组合结构力学性能的主要原因。

3.1.2 钢管和外加约束的环向应变

如前文所述，一共有四种方法测量试件的纵向变形/应变："方法 1"指压力机的位移读数；"方法 2"指线性传感器 LVDTs 的测量值（三支 LVDT 读数的均值）；"方法 3"指应变片的测量值（三个双向应变片，纵向应变测量值的平均值）；"方法 4"指"修正 LVDTs 测量法"（见 2.2.3 节）。因试件受压时会在端部覆盖快干石膏，前两种方式需要调整以消除快干石膏的影响，所以只在这讨论后续两种方式的测量方法。

对于第一组的环约束钢管混凝土试件，可以从图 3.2 中清晰地看到两种测量方法在纵向应变达到 0.002 之前是完全一致的，当超过此应变值，除了试件 CN0-3-114-30 相对接近外，其他试件由"方法 3"测量出来的应变值要比"方法 4"的大。其深入原因可以从图 2.39 的破坏模态中看到，除了试件 CN0-3-114-30，其余所有试件的破坏模式都是中间部分局部屈曲，致使试件中部的局部变形较大，故运用应变片测量出来的横向变形要比修正 LVDTs 测量出来的值大。试件 CR(6)20-3-114-80 由于类似的原因，也展现出相同的趋势（图 2.40）。对于图 3.3 中其他的试件，在纵向应变达到 0.012 之前，"方法 3"测量出来的应变值与"方法 4"相对比较一致。尽管从图 2.40 中可以观测到试件 CR(6)30-3-114-80 的破坏模态也是在试件中部局部屈曲，但在试验中，要在较大的纵向应变时（超过 1.5%），才能观测到相对形变。从图 3.3 中还可以看到，对于试件 CN0-3-114-80 和

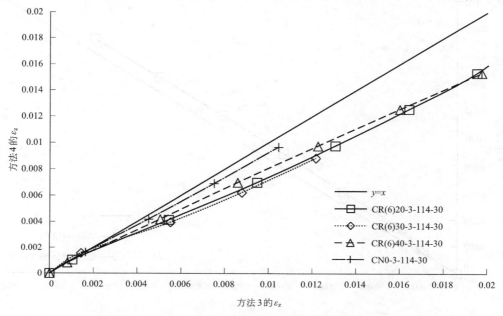

图 3.2　方法 3 与方法 4 测量 ε_z 结果的对比（第 1 组）

CR(6)40-3-114-80，在纵向应变分别超过1％和1.2％时，"方法3"测量出来的应变值突然比"方法4"的要小得多，预示着此时在远离应变片的地方，即远离试件中部发生了局部屈曲，见图2.40。对于试件CN0-1-114-30和CN0-1-114-80，因为端部效应在较早期发生，所以，"方法3"测量出来的应变值比"方法4"的小，见图3.4和图3.5。

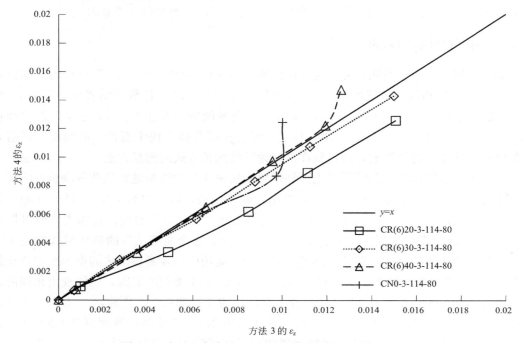

图3.3　方法3与方法4测量ε_z结果的对比（第2组）

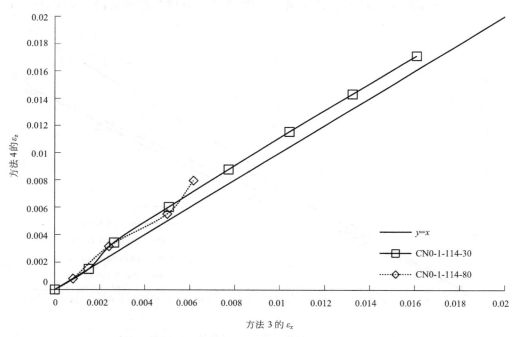

图3.4　方法3与方法4测量ε_z结果的对比（CN0-1-114-X）

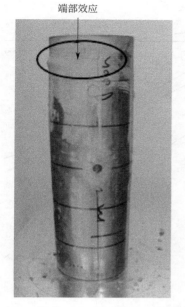
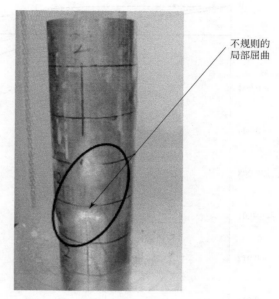

图 3.5　试件 CN0-1-114-30 和 CN0-1-114-80 的破坏模态

　　所以，在小应变阶段，我们采用双向应变片的读数作为分析钢管力学性能的依据。然而，随着试件受压的过程中，纵向应变的增加，局部屈曲开始出现。此时，因为应变片所表征的是小标距范围内顺着钢管表面的局部变形特征，与测点位置有关，难以反映出核心混凝土和钢管混凝土柱的应变关系。所以，需要用到"方法 4"来测量纵向应变，它可以反映钢管混凝土试件在纵轴线上整体的变化，包括钢管的屈服、皱曲，核心混凝土的开裂等。

　　外加约束的存在使得在试件的不同位置，环向变形相差较大，故本书也有三种方法来测量试件的环向应变，分别为：HS1 外加约束上的单向应变片的平均读数；HS2 安装在两个外加约束之间圆周伸长计的读数除以钢管周长；HS3 均匀安装（120°）在钢管外表面中部位置的三个双向应变片的平均环向读数。图 3.6 描述了试件 CR(6)20-3-114-80 的环-纵向应变曲线，因为在小应变状态，此时的纵向应变为"方法 3（HS3）"的测量结果。试件 CR(6)20-3-114-80 一共有 6 个外加钢环，因为对称的原因，仅在 3 个钢环上安装了应变片。数字 1～3 分别代表着从试件顶部到中部的钢环。从图 3.6 中可以看出 3 号钢环的环向应变要远比 1、2 号的大（3 号钢环在纵向应变为 0.65％时已达到屈服状态，而 1、2 号钢环则在纵向应力为 1.1％时才达到屈服状态），预示着钢环的约束效力沿着钢管的长度方向而不同，其中，在钢管中部钢环的约束效应最明显。在钢管屈服前，即在 0.2％纵向应变前，试件的环-纵向应变曲线保持着直线关系。当超过这个应变时，由于混凝土裂缝的不断发展，混凝土横向变形速度加快导致试件环向应变急剧增加。

　　外加约束对界面粘结状态提升的有效性可以通过在初始弹性（纵向应力小于 0.2％）阶段环向-纵向应变曲线来研究，部分试件的曲线见图 3.7～图 3.23。试件环向应变不同测量方法的泊松比可以从图中通过回归分析得到，结果如表 3.1 所示。对于外加约束钢管混凝土试件，HS1 测量出来的泊松比均小于 0.2，HS2 测量出来的泊松比接近 0.2，而 HS3 测量出来的泊松比均接近 0.3。这说明了在初始弹性阶段，外加约束能有效地抑制试

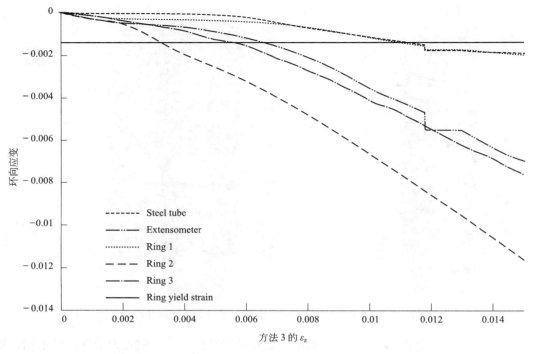

图 3.6 试件 CR(6)20-3-114-80 的环-纵向应变曲线

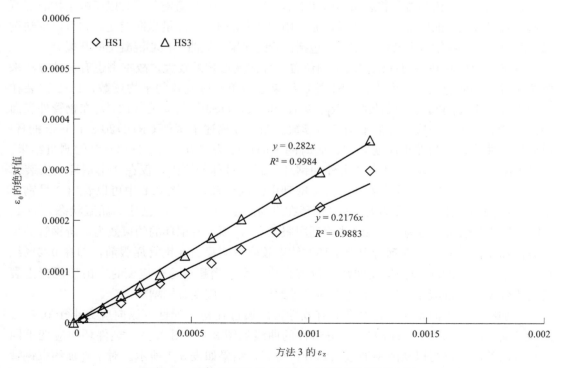

图 3.7 试件 CR(6)40-3-114-30 的环-纵向应变曲线

件的横向变形，增加钢管和混凝土界面粘结力，特别是外加约束所在的位置；而在其他位置，由于钢管会产生一定程度的弯曲变形，所以不能完全地约束。无效约束混凝土区域的形状可以采用 Mander 等（1988）所假想的拱起作用，如图 3.24 所示。

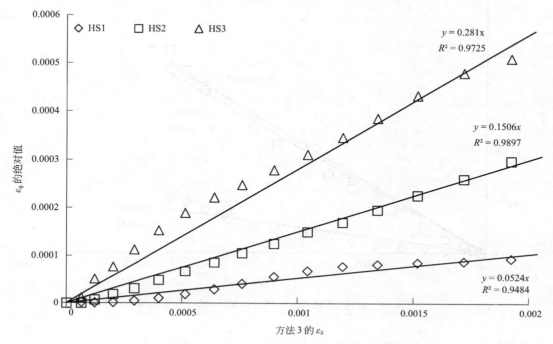

图 3.8　试件 CR(6)30-3-114-80 的环-纵向应变曲线

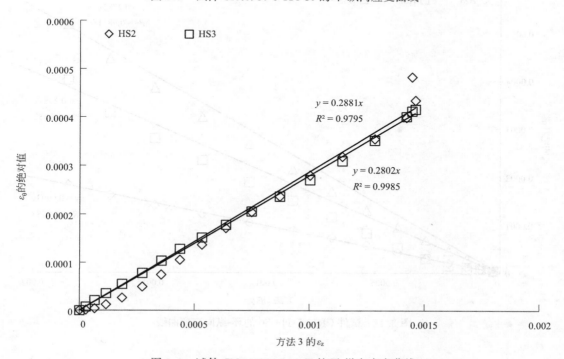

图 3.9　试件 CN0-4-139-30 _ R 的环-纵向应变曲线

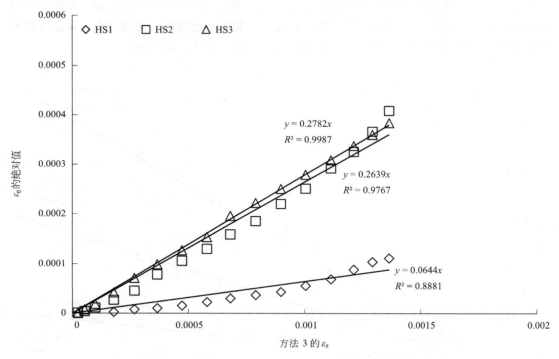

图 3.10　试件 CR(6)40-4-139-100 的环-纵向应变曲线

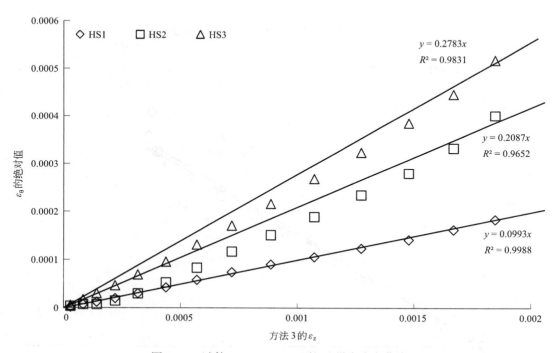

图 3.11　试件 CR10-5-114-50 的环-纵向应变曲线

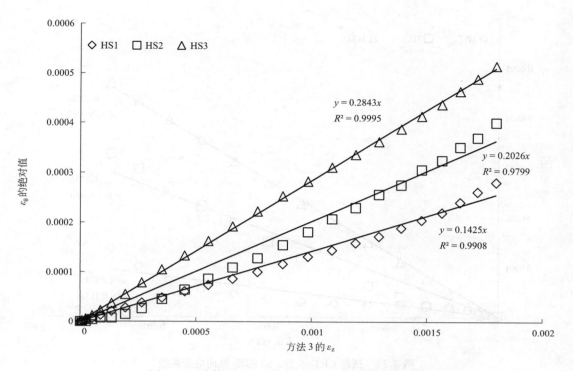

图 3.12　试件 CR12.5-5-114-120 的环-纵向应变曲线

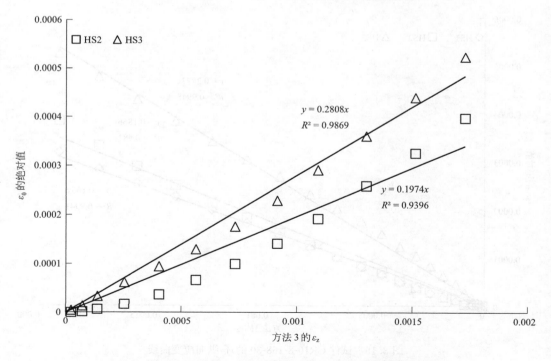

图 3.13　试件 CR15-5-168-30 的环-纵向应变曲线

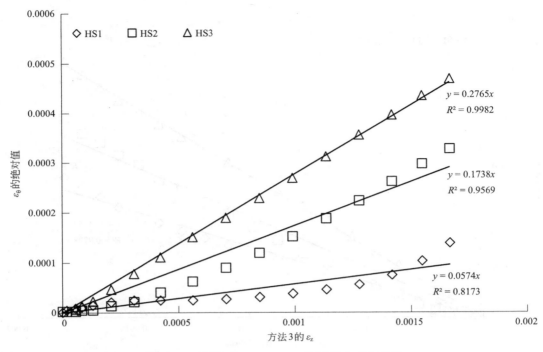

图 3.14　试件 CR15-5-168-80 的环-纵向应变曲线

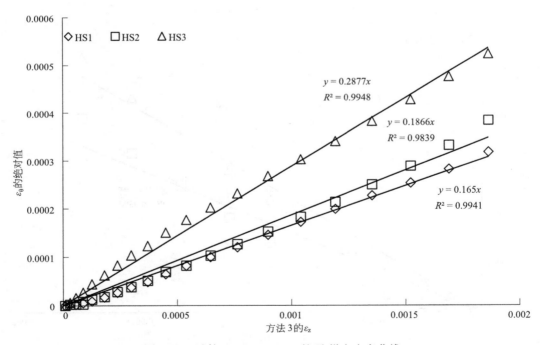

图 3.15　试件 CR10-8-168-30 的环-纵向应变曲线

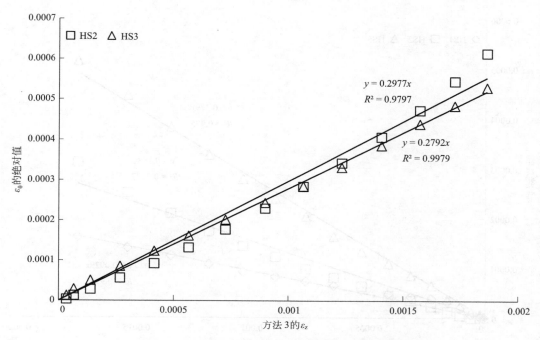

图 3.16 试件 CR5-8-168-80 的环-纵向应变曲线

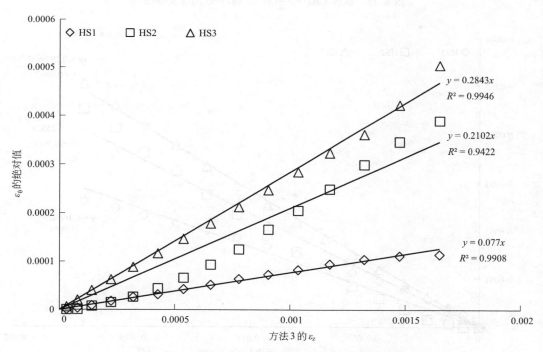

图 3.17 试件 CR15-10-139-30 的环-纵向应变曲线

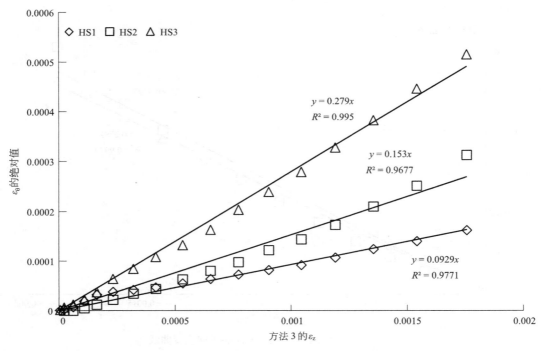

图 3.18　试件 CR20-10-139-50 的环-纵向应变曲线

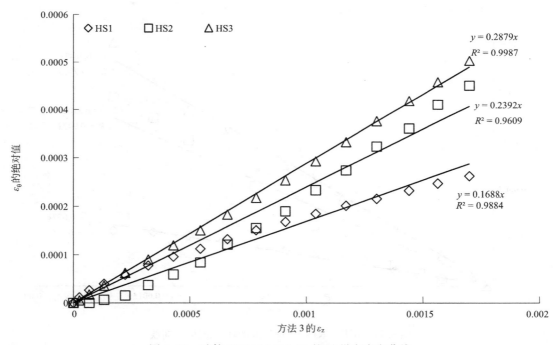

图 3.19　试件 CR15-10-139-90 的环-纵向应变曲线

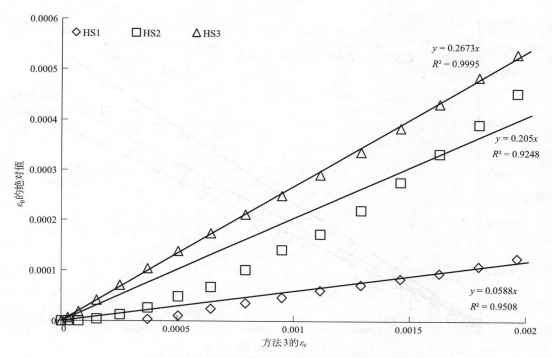

图 3.20 试件 CR10-10-139-120 的环-纵向应变曲线

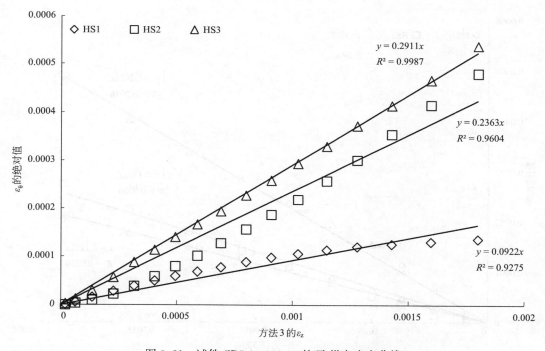

图 3.21 试件 CR5-10-168-30 的环-纵向应变曲线

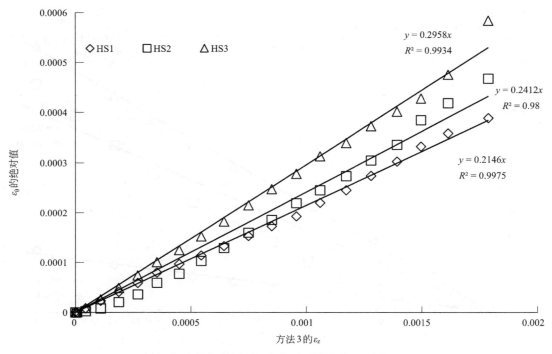

图 3.22 试件 CR5-10-168-90 的环-纵向应变曲线

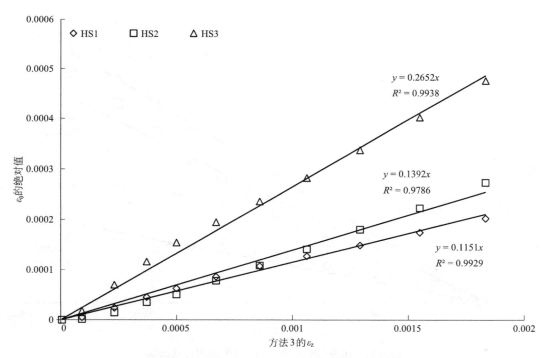

图 3.23 试件 CJ60-1-114-80 的环-纵向应变曲线

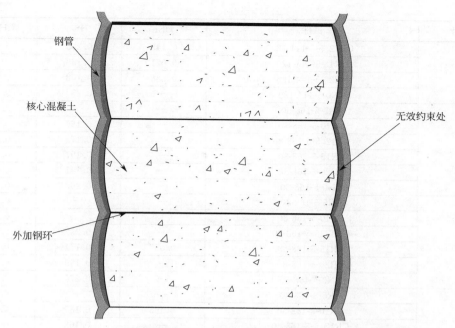

图 3.24 环约束钢管混凝土试件的无效约束处示意图（侧视图）

外加约束钢管混凝土试件的泊松比   表 3.1

组号	试件	HS1	HS2	HS3
1	CR(6)20-3-114-30	0.036	—	0.283
	CR(6)30-3-114-30	0.062	—	0.281
	CR(6)40-3-114-30	0.218	—	0.282
	CN0-3-114-30	—	—	0.270
2	CR(6)20-3-114-80	0.133	0.212	0.280
	CR(6)30-3-114-80	0.052	0.151	0.281
	CR(6)40-3-114-80	0.031	0.110	0.282
	CN0-3-114-80	—	0.256	0.275
3	CR(6)10-4-139-30	0.146	0.208	0.285
	CR(6)20-4-139-30	0.053	0.245	0.282
	CR(6)30-4-139-30	0.072	0.210	0.279
	CR(6)40-4-139-30	0.115	*	0.282
	CN0-4-139-30_R	—	0.288	0.280
4	CR(6)10-4-139-100	0.030	0.260	0.274
	CR(6)20-4-139-100	0.071	0.272	0.282
	CR(6)30-4-139-100	0.033	0.251	0.283
	CR(6)40-4-139-100	0.064	0.264	0.278
	CN0-4-139-100_R	—	0.294	0.270
5	CR10-5-114-50	0.099	0.209	0.278
	CR12.5-5-114-50	0.056	0.210	0.281
	CR15-5-114-50	0.080	0.218	0.279
	CR20-5-114-50	0.094	0.244	0.277
	CN0-5-114-50	—	0.274	0.285
6	CR5-5-114-120	0.101	—	0.284
	CR10-5-114-120	0.197	0.200	0.285

组号	试件	HS1	HS2	HS3
6	CR12.5-5-114-120	0.143	0.203	0.284
	CR15-5-114-120	0.071	0.138	0.279
	CR20-5-114-120	0.088	0.168	0.278
	CN0-5-114-120	—	0.257	0.268
7	CR5-5-168-30	—	—	0.279
	CR10-5-168-30	—	0.166	0.281
	CR12.5-5-168-30	—	0.172	0.279
	CR15-5-168-30	—	0.197	0.281
	CR20-5-168-30	—	0.141	0.282
	CN0-5-168-30	—	0.260	0.272
8	CR5-5-168-80	—	—	0.175
	CR10-5-168-80	0.189	—	0.283
	CR12.5-5-168-80	—	0.252	0.282
	CR15-5-168-80	0.057	0.174	0.277
	CR20-5-168-80	—	0.199	0.281
	CN0-5-168-80	—	0.276	0.281
9	CR5-8-168-30	—	—	0.290
	CR10-8-168-30	0.165	0.187	0.288
	CR12.5-8-168-30	—	0.168	0.289
	CR15-8-168-30	—	0.198	0.284
	CR20-8-168-30	—	0.172	0.282
	CN0-8-168-30	—	0.301	0.285
10	CR5-8-168-80	—	0.298	0.279
	CR10-8-168-80	—	0.145	0.282
	CR12.5-8-168-80	—	0.202	0.281
	CR15-8-168-80	—	0.232	0.282
	CR20-8-168-80	—	0.268	0.286
	CN0-8-168-80	—	0.301	0.287
11	CR5-10-139-30	0.061	0.139	0.286
	CR10-10-139-30	0.163	0.183	0.287
	CR15-10-139-30	0.077	0.210	0.284
	CR20-10-139-30	*	0.211	0.282
	CN0-10-139-30	—	0.332	0.343
12	CR5-10-139-50	0.074	0.191	0.285
	CR10-10-139-50	*	*	*
	CR15-10-139-50	0.121	0.181	0.283
	CR20-10-139-50	0.093	0.153	0.279
	CN0-10-139-50	—	0.176	0.282
13	CR5-10-139-90	0.063	0.184	0.289
	CR10-10-139-90	0.082	0.224	0.290
	CR15-10-139-90	0.169	0.239	0.288
	CR20-10-139-90	0.187	0.197	0.286
	CN0-10-139-90	—	0.265	0.287
14	CR5-10-139-120	0.119	0.207	0.290
	CR10-10-139-120	0.059	0.205	0.267
	CR15-10-139-120	0.095	0.188	0.289
	CR20-10-139-120	0.113	0.165	0.286
	CN0-10-139-120	—	0.276	0.289

续表

组号	试件	HS1	HS2	HS3
15	CR5-10-168-30	0.092	0.236	0.291
	CR10-10-168-30	0.055	0.185	0.288
	CR12.5-10-168-30	0.071	0.155	0.286
	CR15-10-168-30	0.137	0.184	0.287
	CR20-10-168-30	0.095	0.201	0.289
	CN0-10-168-30	—	0.272	0.289
16	CR5-10-168-90	0.215	0.241	0.296
	CR10-10-168-90	0.094	0.189	0.289
	CR12.5-10-168-90	0.110	0.231	0.287
	CR15-10-168-90	0.170	0.240	0.292
	CR20-10-168-90	0.178	0.222	0.289
	CN0-10-168-90	—	0.278	0.282
17	CJ60-1-114-30	0.086	—	0.267
	CJ120-1-114-30	0.115	—	0.275
	CN0-1-114-30	—	—	0.283
18	CJ60-1-114-80	0.115	0.139	0.265
	CJ120-1-114-80	0.082	0.102	0.264
	CN0-1-114-80	—	—	0.275

注：1. —表示未安装应变片或圆周伸长计；

2. * 表示应变片破损。

3.1.3 钢管混凝土构件环-纵向应变的试验关系

根据众多学者的研究（Fam 和 Rizkalla，2001；Lokuge 等，2005；Teng 等，2013；

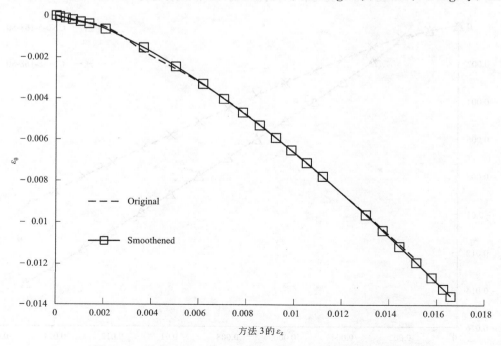

图 3.25 试件 CR(6)20-3-114-80 的钢管的环-纵向应变曲线

Lim 和 Ozbakkaloglu，2014）得知，为了准确预测被动约束混凝土，如 FRP 卷材约束混凝土或钢管混凝土试件的应力-应变曲线，需要模拟约束应力的变化。约束应力、纵向应变与环向应变往往相互联系、密不可分，故最重要的是模拟这三者的相互关系。首先，从钢管混凝土试件的环-纵向应变试验曲线开始分析。

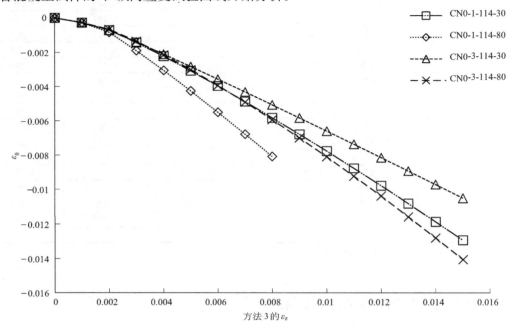

图 3.26　无约束试件的钢管的环-纵向应变曲线（1）

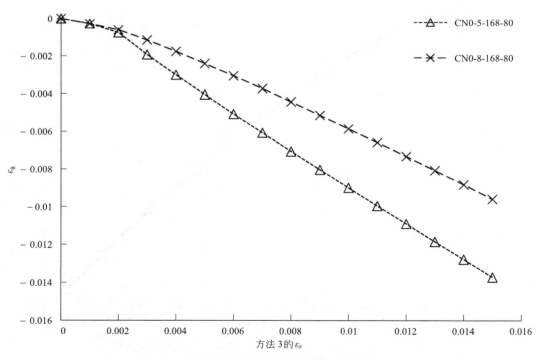

图 3.27　无约束试件的钢管的环-纵向应变曲线（2）

Hu 等（2011）提出由于压力机的测量噪声，连续测量的应变之间会有较大差异，若不进行修正，将导致显著误差。所以，在本书中，会对钢管混凝土的环-纵向应变曲线

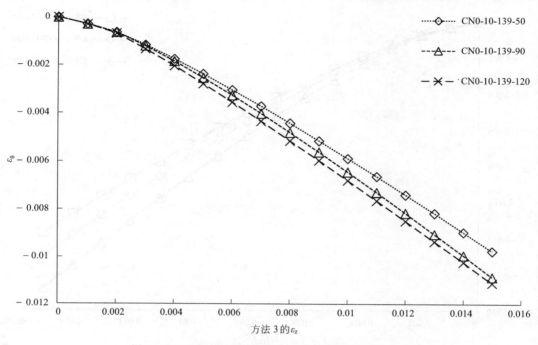

图 3.28　无约束试件的钢管的环-纵向应变曲线（3）

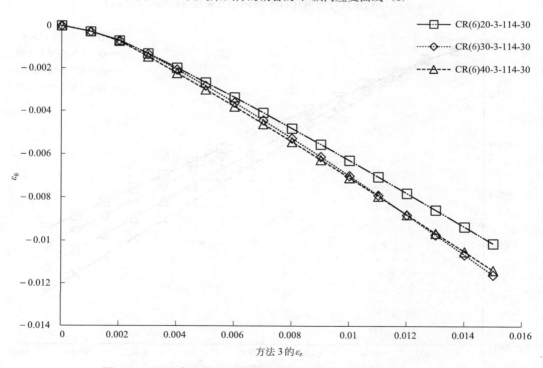

图 3.29　环约束试件的钢管的环-纵向应变曲线（CRn-3-114-30）

做修正处理，如图 3.25 所示。一方面图 3.26～图 3.28 显示了部分无约束钢管混凝土试件的环-纵向应变曲线关系。可以看出，环向应变随着钢管厚度的减小或混凝土强度的增

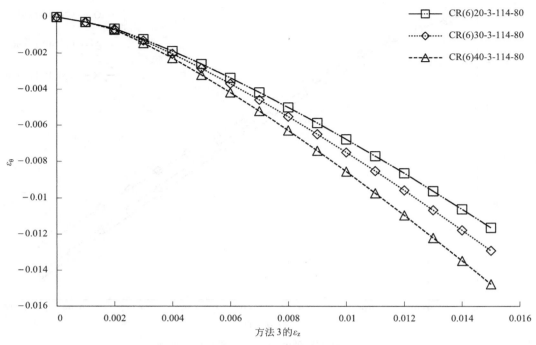

图 3.30　环约束试件的钢管的环-纵向应变曲线（CRn-3-114-80）

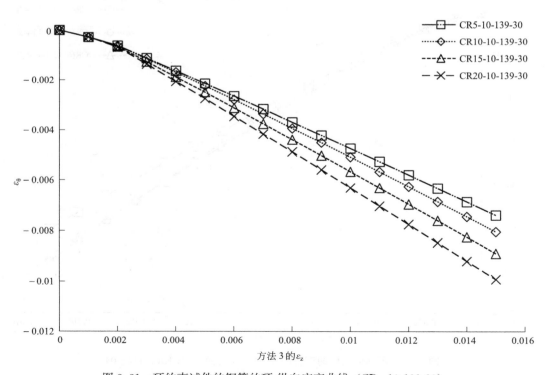

图 3.31　环约束试件的钢管的环-纵向应变曲线（CRn-10-139-30）

加而增大；另一方面，部分外加约束钢管混凝土试件的环-纵向应变曲线关系绘制在图 3.29～图 3.33 中。显然，约束材料越密集，环向应变越小，说明当约束材料间距下降时，提供的约束应力变大。

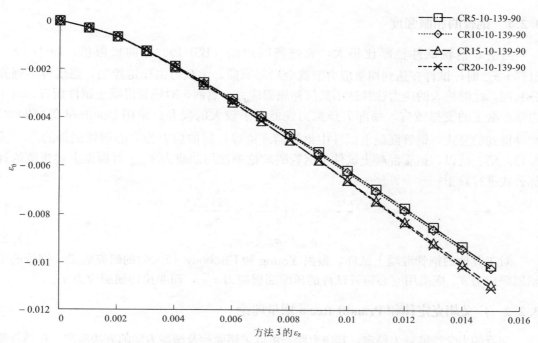

图 3.32 环约束试件的钢管的环-纵向应变曲线 (CRn-10-139-30)

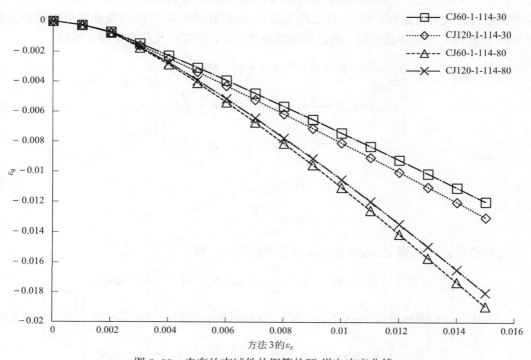

图 3.33 夹套约束试件的钢管的环-纵向应变曲线

3.2 钢管纵向应力-应变关系曲线

3.2.1 钢管的屈服强度

当空心钢管试件径厚比很大，超过英国规范（BSI 1993）的极限值，即 $D_o/t >$ $21150/\sigma_{sy}$ 时，试件在达到屈服应力前就会局部屈曲，承载力由稳定控制，强度得不到充分利用，此时最大的应力往往达不到拉伸屈服应力。然而，对钢管混凝土试件而言，由于内部混凝土的支撑效应，局部失稳抗力性能有了较大的提升。采用 Bradford 等（2002）推导得到的公式，钢管混凝土试件中钢管的理论弹性屈曲应力为空心钢管试件的 $\sqrt{3}$（或 1.73）倍。所以，钢管混凝土试件中钢管的理论弹性屈曲应力 $\sigma_{sy,b}$ 可根据上述规范的计算公式进行修正：

$$\frac{D_o}{t} \leqslant 90\sqrt{3}\left(\frac{235}{\sigma_{sy,b}}\right) \approx \frac{36632.9}{\sigma_{sy,b}} \tag{3.1}$$

$$\sigma_{syc} \leqslant \sigma_{sy,b} \leqslant \sigma_{syt} \tag{3.2}$$

对于其他的钢管混凝土试件，根据 Young 和 Ellobody（2006)的研究成果，钢管的单轴屈服应力 σ_{sy} 应采用空心钢管试件的压缩屈服应力 σ_{syc}，而非拉伸屈服应力 σ_{syt}。

3.2.2 广义胡克定律和 Prandtl-Reuss 增量理论

钢管的力学性能较为稳定，其应力状态可以采用弹性及塑性力学的方法确定。在弹性阶段可采用广义胡克定律，在塑性阶段可采用 Prandtl-Reuss 增量理论求得。在此处的分析中，考虑到最大的纵向应变为 1.5%（详见第 2 章），故钢管的单轴应力-应变曲线可以假设为理想弹性-塑性体，不考虑强化段。所以在初期弹性阶段，根据广义胡克定律，可得：

$$\begin{Bmatrix} d\sigma_{sz}^i \\ d\sigma_{s\theta}^i \\ d\sigma_{sr}^i \end{Bmatrix} = \begin{bmatrix} K+\frac{4}{3}G & K-\frac{2}{3}G & K-\frac{2}{3}G \\ K-\frac{2}{3}G & K+\frac{4}{3}G & K-\frac{2}{3}G \\ K-\frac{2}{3}G & K-\frac{2}{3}G & K+\frac{4}{3}G \end{bmatrix} \begin{Bmatrix} d\varepsilon_{sz}^i \\ d\varepsilon_{s\theta}^i \\ d\varepsilon_{sr}^i \end{Bmatrix} \tag{3.3}$$

$$K = \frac{E_s}{3(1-\nu_s)} \tag{3.4}$$

$$G = \frac{E_s}{2(1+\nu_s)} \tag{3.5}$$

在塑性阶段，根据 Prandtl-Reuss 增量理论公式，得：

$$\begin{Bmatrix} d\sigma_{sz}^i \\ d\sigma_{s\theta}^i \\ d\sigma_{sr}^i \end{Bmatrix} = \begin{bmatrix} K+\frac{4}{3}G-\omega S_z^2 & K-\frac{2}{3}G-\omega S_z S_\theta & K-\frac{2}{3}G-\omega S_z S_r \\ K-\frac{2}{3}G-\omega S_z S_\theta & K+\frac{4}{3}G-\omega S_\theta^2 & K-\frac{2}{3}G-\omega S_\theta S_r \\ K-\frac{2}{3}G-\omega S_z S_r & K-\frac{2}{3}G-\omega S_\theta S_r & K+\frac{4}{3}G-\omega S_r^2 \end{bmatrix} \begin{Bmatrix} d\varepsilon_{sz}^i \\ d\varepsilon_{s\theta}^i \\ d\varepsilon_{sr}^i \end{Bmatrix} \tag{3.6}$$

对于理想弹性-塑性材料，有：

$$\omega = \frac{3G}{\sigma_{sy}^2} \tag{3.7}$$

$$S_z = \frac{1}{3}(2\sigma_{sz}^{i-1} - \sigma_{s\theta}^{i-1} - \sigma_{sr}^{i-1}) \tag{3.8}$$

$$S_\theta = \frac{1}{3}(2\sigma_{s\theta}^{i-1} - \sigma_{sz}^{i-1} - \sigma_{sr}^{i-1}) \tag{3.9}$$

$$S_z = \frac{1}{3}(2\sigma_{sr}^{i-1} - \sigma_{sz}^{i-1} - \sigma_{s\theta}^{i-1}) \tag{3.10}$$

式中，σ_{sz}、$\sigma_{s\theta}$ 和 σ_{sr} 分别为钢管的纵向、环向以及径向应力；K、G 分别为钢管的体积和剪切模量；$\nu_s = 0.3$ 是钢管的泊松比；ε_{sz}、$\varepsilon_{s\theta}$ 和 ε_{sr} 分别是钢管的纵向、环向以及径向应变；ω 是强化参数；S_z、S_θ 和 S_r 分别为纵向、环向以及径向偏应力。钢管的屈服面可以采用 Von Mises 屈服准则来定义：

$$\sigma_{sy} = \frac{\sqrt{2}}{2}\sqrt{(\sigma_{sz} - \sigma_{s\theta})^2 + (\sigma_{sz} - \sigma_{sr})^2 + (\sigma_{s\theta} - \sigma_{sr})^2} \tag{3.11}$$

钢管径向应力 $\sigma_{sr} = f_r$（图 3.34）：

$$\sigma_{sr} = f_r \tag{3.12}$$

通过式(3.3)～式(3.12)，我们可以计算出钢管的三向应力-应变变化关系。

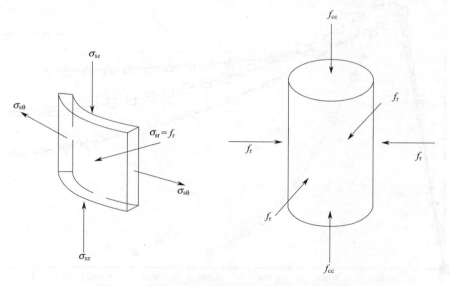

图 3.34　钢管和核心混凝土的自由体受力分析图

3.2.3　钢管的纵（环）向应力-纵向应变曲线

图 3.35～图 3.41 描绘了部分钢管纵向应力-应变曲线。除了试件 CN0-3-114-30 和 CN0-1-114-80（图 3.35）外，图上的其他试件的最大应变皆为 1.5%。而这两个试件，一个是由于试验机突然关机导致试验终止，最大应变未达到 1.5%；另一个则是由于纵向应力下降得太快以至于压力机停止工作。从图 3.35～图 3.41 可以看出，在初始阶段，钢管

的应力随着应变的增大而直线上升，最大应力甚至比钢管的单轴屈服应力大。这是因为在此阶段，由于钢管和混凝土的横向变形能力的差异，导致出现了负约束应力，换一种说法，出现了压缩环向应力，根据 Von Mises 屈服准则，此时钢管的纵向应力理论上比屈服应力稍大。而对于外加约束钢管混凝土试件，外加约束提供的额外约束应力也会让钢管的纵向应力增加。随着纵向应变的持续增加，过了峰值后，钢管的纵向应力下降。这是因为在此阶段，由于混凝土裂缝的不断发展，混凝土的横向变形迅速增加，超过了钢管的变形，从而触发了组合效应。此时，钢管受到环向拉应力的作用，所以纵向应力减小。值得注意的是，与钢管普通强度混凝土试件相比，钢管高强混凝土试件的纵向应力下降更快（图 3.35 和图 3.41），这是因为高强混凝土更脆，裂缝发展得更快更严重，导致约束力越大而环向拉应力越大，所以纵向应力越小。图 3.35 也说明了当混凝土强度一定时，随着钢管壁厚的减小，钢管纵向应力下降得越显著。试件 CN0-1-114-80 在纵向应变为 0.008 时，纵向应力跌至接近于 0，见图 3.5。另一方面，对于外加约束试件，如图 3.37～图 3.41 所示，由于外加约束提供的额外的约束应力，钢管的纵向应力下降较无约束试件的平缓。随着外加约束的间距减小或直径增加，纵向应力下降的速率越慢。

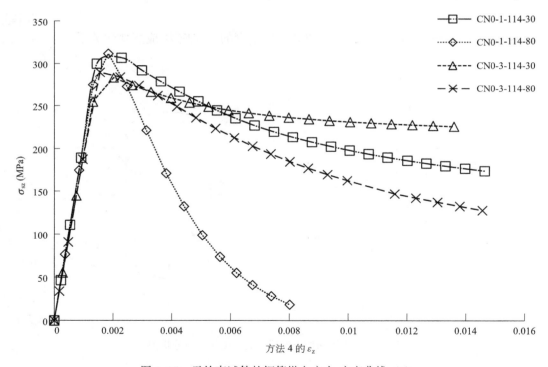

图 3.35　无约束试件的钢管纵向应力-应变曲线（1）

　　图 3.42～图 3.48 展示了部分钢管环向应力-纵向应变曲线，对于所有的试件，环向应力为正（压缩）直至纵向应变超过 0.15%～0.30%。在此范围外，由于混凝土的横向变形快速增加，致使环向压应力转变为环向拉应力。随着混凝土强度的降低或钢管厚度的提高，环向应力的数值下降。因为纵向与环向应力通过式(3.3)～式(3.12)互相关联，密不可分，所以环向应力的变化趋势与上述纵向应力类似。

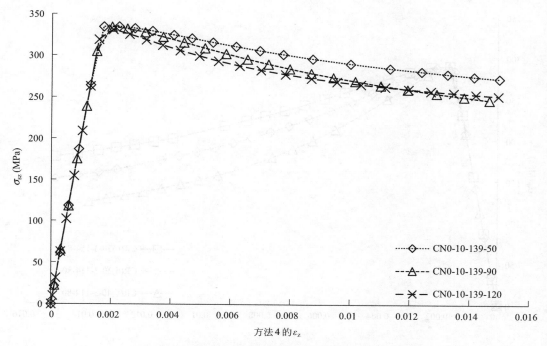

图 3.36 无约束试件的钢管纵向应力-应变曲线 （2）

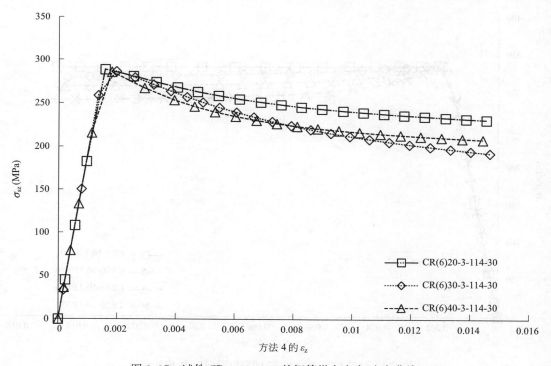

图 3.37 试件 CRn-3-114-30 的钢管纵向应力-应变曲线

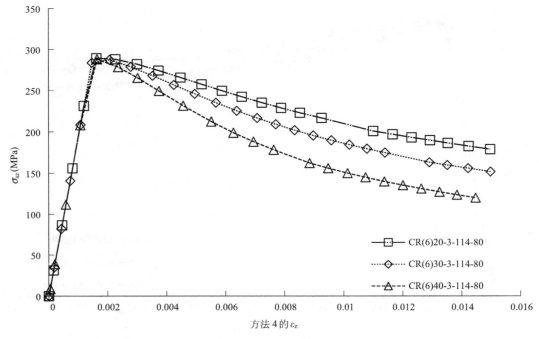

图 3.38　试件 CRn-3-114-80 的钢管纵向应力-应变曲线

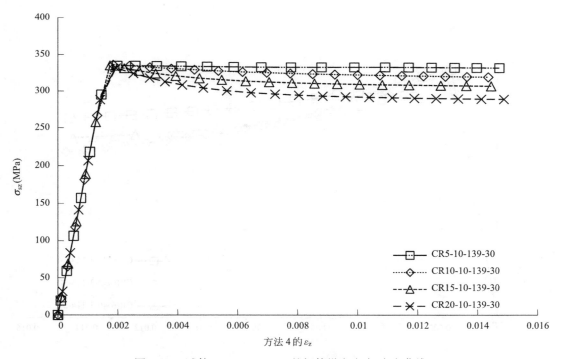

图 3.39　试件 CRn-10-139-30 的钢管纵向应力-应变曲线

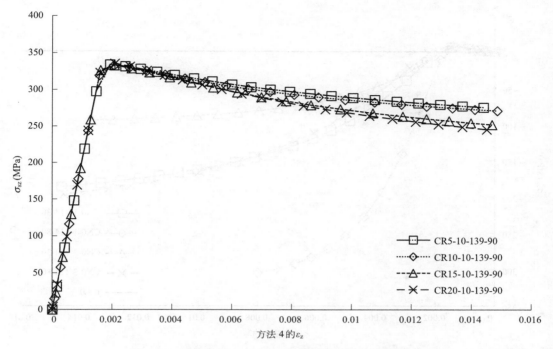

图 3.40 试件 CRn-10-139-90 的钢管纵向应力-应变曲线

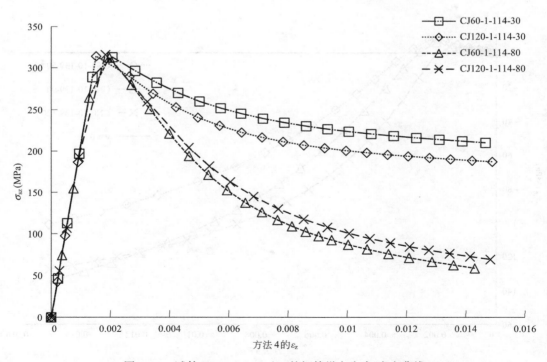

图 3.41 试件 CJn-1-114-30/80 的钢管纵向应力-应变曲线

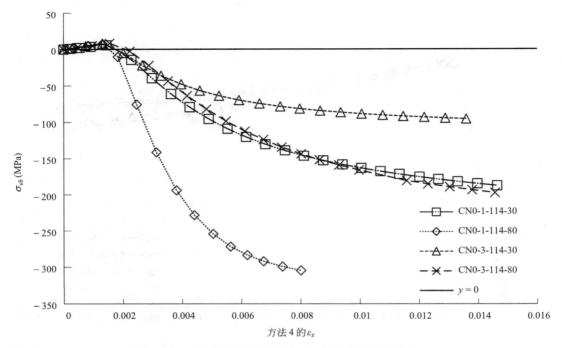

图 3.42　无约束试件的钢管环向应力-纵向应变曲线（1）

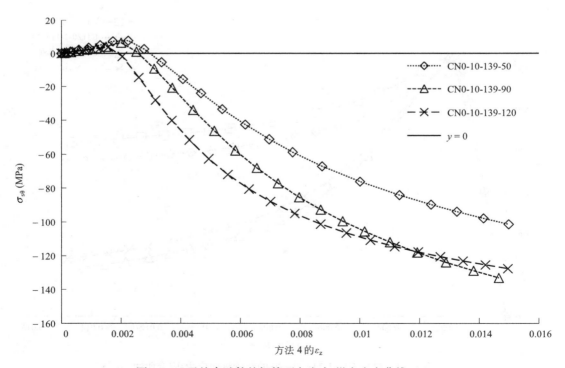

图 3.43　无约束试件的钢管环向应力-纵向应变曲线（2）

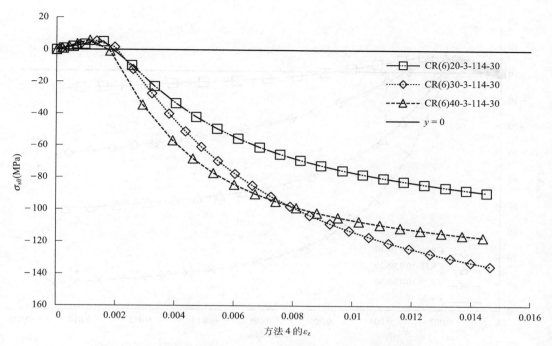

图 3.44 试件 CRn-3-114-30 的钢管环向应力-纵向应变曲线

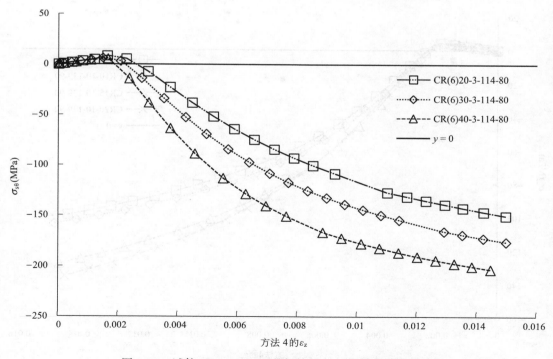

图 3.45 试件 CRn-3-114-80 的钢管环向应力-纵向应变曲线

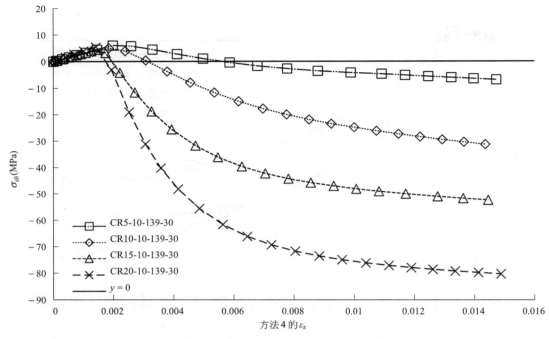

图 3.46　试件 CRn-10-139-30 的钢管环向应力-纵向应变曲线

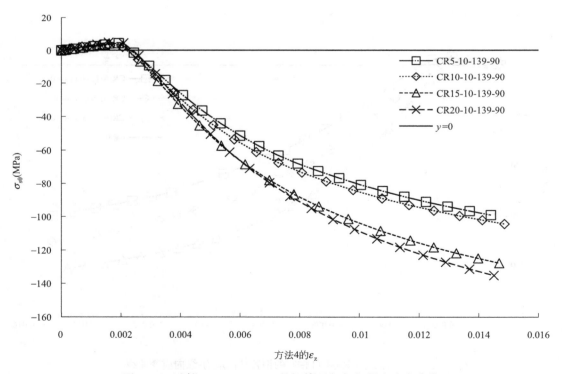

图 3.47　试件 CRn-10-139-90 的钢管环向应力-纵向应变曲线

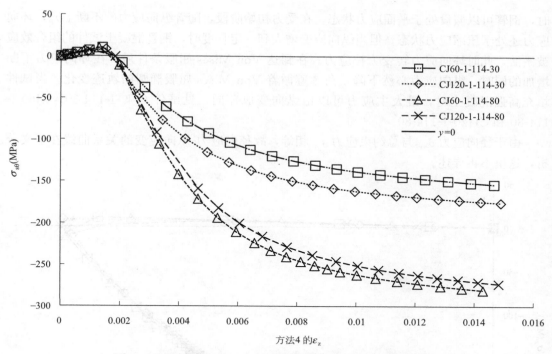

图 3.48　试件 CJn-1-114-30/80 的钢管环向应力-纵向应变曲线

图 3.49、图 3.50 展示了超薄壁钢管（$D_o/t > 100$）混凝土试件中钢管的环-纵向应力关系曲线。对于超薄壁钢管而言，因为钢管的径向应力相对较小，所以可以忽略不计。此

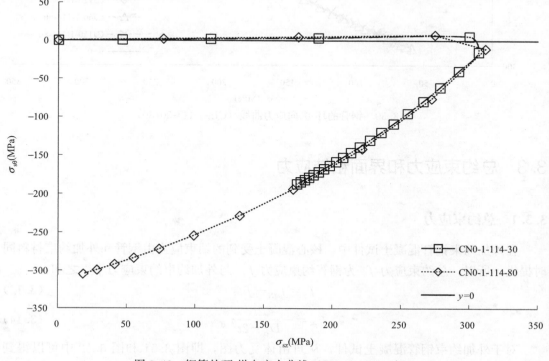

图 3.49　钢管的环-纵向应力曲线（CN0-1-114-30/80）

时，钢管可以假设处于平面应力状态。在受力初始阶段，随着纵向应力的不断上升，环向应力还处于压缩应力状态。但当纵向应变增大到一定程度时，钢管混凝土试件的组合效应被激活，此时环向应力转变为拉应力。在到达 Von Mises 屈服条件后，在环向应力不断增加的同时，纵向应力必然下降，两者遵循着 Von Mises 屈服椭圆的轨迹变化。当试件填充高强混凝土时，最大主应力可以由纵向变成环向，见试件 CN0-1-114-80、CJ60-1-114-80 和 CJ120-1-114-80。

由于径向应力 σ_{sr} 与总约束应力 f_r 相等，故径向应力-纵向应变的关系曲线在下文分析，这里不再详述。

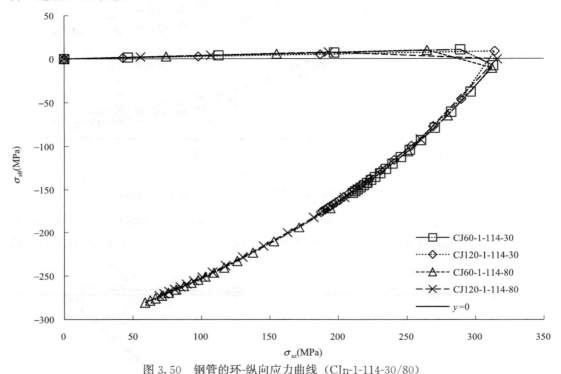

图 3.50　钢管的环-纵向应力曲线（CJn-1-114-30/80）

3.3　总约束应力和界面粘结应力

3.3.1　总约束应力

在外加约束钢管混凝土试件中，核心混凝土受到的约束应力由钢管和外加约束材料同时提供，所以，总约束应力 f_r 为钢管约束应力 f_{rS} 与外加约束约束应力 f_{rE} 之和：

$$f_r = f_{rS} + f_{rE} \tag{3.13}$$

$$f_{rS} = -\frac{2t}{D_o - 2t}\sigma_{s\theta} \tag{3.14}$$

对于外加约束钢管混凝土试件，从自由体受力图，即图 3.51 和图 3.52 中可以得到 f_{rE} 的计算公式：

$$f_{rE} = -\frac{2A_{ssE}(\sum_{i=1}^{n}(\varepsilon_{ssE})_i E_{ssE})}{H(D_o - 2t)} \quad (3.15)$$

$$(\varepsilon_{ssE})_i E_{ssE} \leqslant \sigma_{ssE} \quad (3.16)$$

式中，ε_{ssE} 是外加约束的环向应变；n 是外加约束的数量。

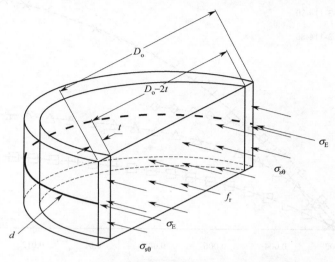

图 3.51　环约束钢管混凝土试件的自由体受力图

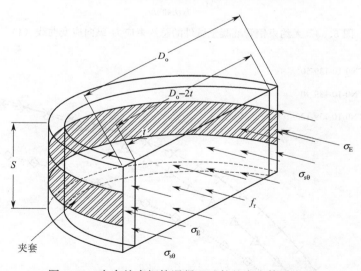

图 3.52　夹套约束钢管混凝土试件的自由体受力图

部分试件的总约束应力-纵向应变曲线见图 3.53～图 3.59。为了揭示外加约束试件的约束机理，图 3.60～图 3.65 描述了钢管约束应力、外加约束应力以及总约束应力与纵向应变的关系曲线。从图 3.53、图 3.54 可以看出，对于无约束试件，在初始受压阶段，总约束应力，即钢管约束应力为负值，因为钢管环向应力为压应力。此外，约束应力随着混凝土强度或钢管壁厚的增加而增大。对于外加约束试件，总约束应力要比无外加约束试件大。更重要的是，因为外加约束可以提供额外的约束应力，因此多数试件在初始弹性阶段时的总约束应力为正值。如图 3.60～图 3.65 所示,在塑性阶段,由于外加约束已经屈服,故此阶段总约束应力的上升主要由钢管的环向应力提供。

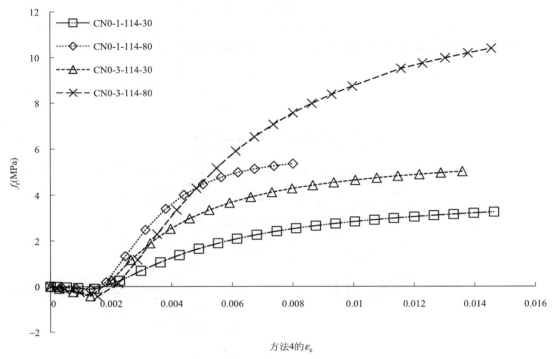

图 3.53 无约束钢管混凝土试件的总约束应力-纵向应变曲线 (1)

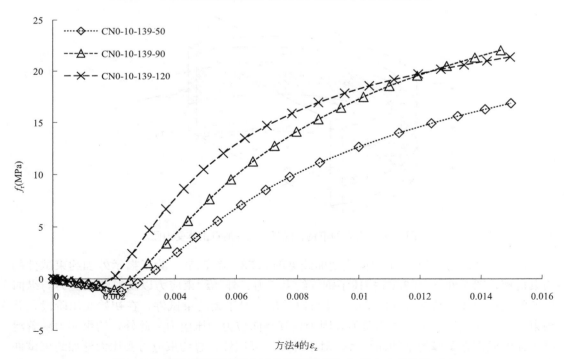

图 3.54 无约束钢管混凝土试件的总约束应力-纵向应变曲线 (2)

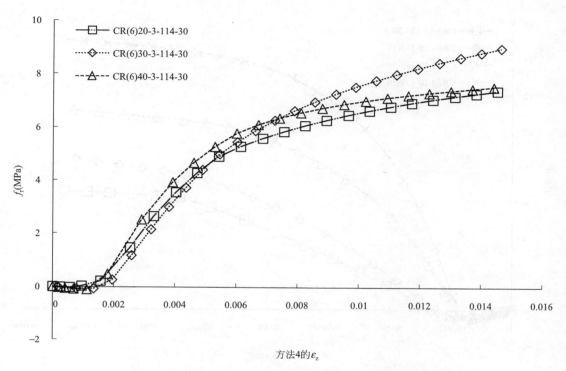

图 3.55　试件 CRn-3-114-30 的总约束应力-纵向应变曲线

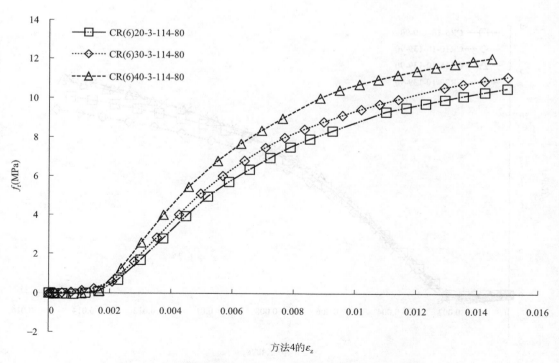

图 3.56　试件 CRn-3-114-80 的总约束应力-纵向应变曲线

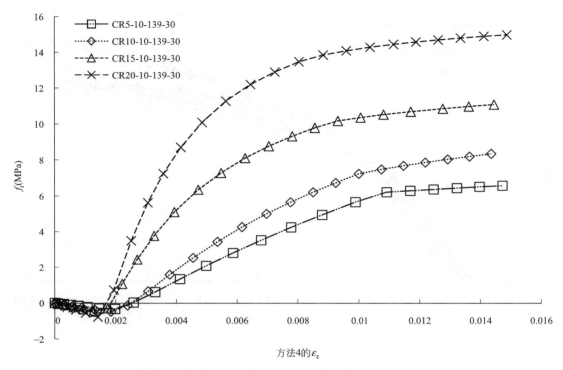

图 3.57　试件 CRn-10-139-30 的总约束应力-纵向应变曲线

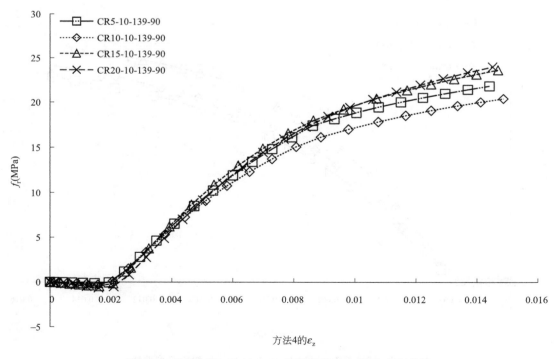

图 3.58　试件 CRn-10-139-90 的总约束应力-纵向应变曲线

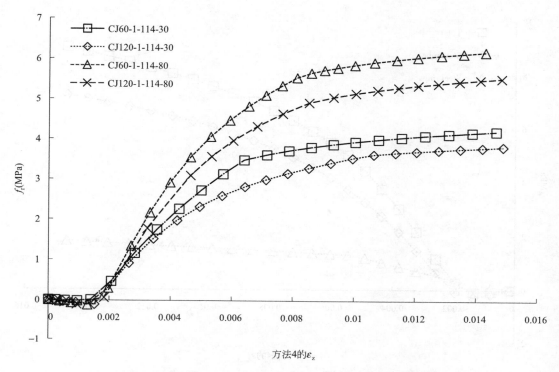

图 3.59　试件 CJn-1-114-30/80 的总约束应力-纵向应变曲线

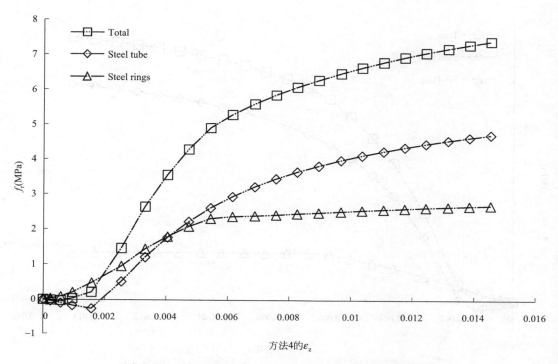

图 3.60　试件 CR(6)20-3-114-30 的约束应力-纵向应变曲线

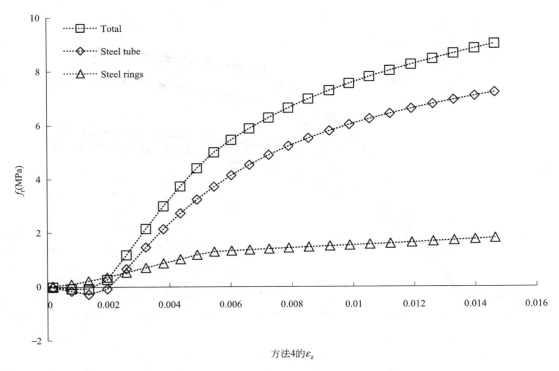

图 3.61　试件 CR(6)30-3-114-30 的约束应力-纵向应变曲线

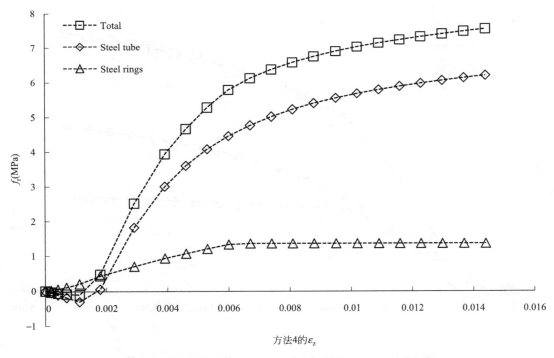

图 3.62　试件 CR(6)40-3-114-30 的约束应力-纵向应变曲线

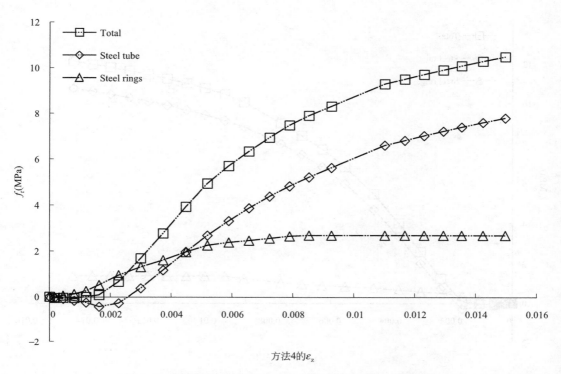

图 3.63　试件 CR(6)20-3-114-80 的约束应力-纵向应变曲线

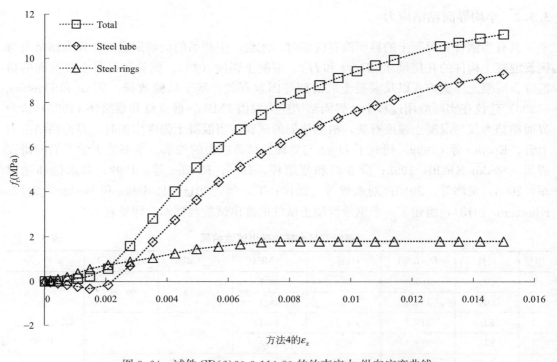

图 3.64　试件 CR(6)30-3-114-80 的约束应力-纵向应变曲线

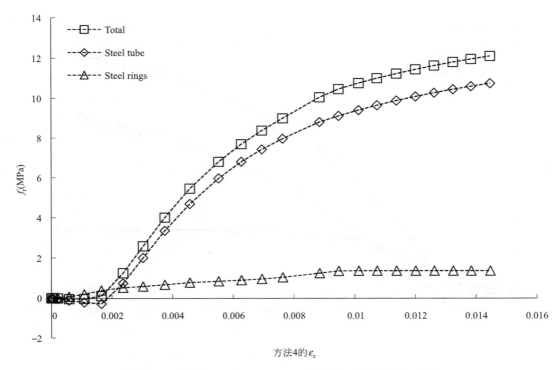

图 3.65 试件 CR(6)40-3-114-80 的约束应力-纵向应变曲线

3.3.2 平均界面粘结应力

只有当钢管和混凝土的界面没有脱粘时，才会产生初始的负约束应力。界面粘结力与钢管混凝土构件的几何尺寸（D_o/t 和 H）、混凝土强度（f'_c）、钢管和混凝土接触面的粗糙度、混凝土压实方式以及混凝土的龄期等因素有关。基于试验数据，Virdi 和 Dowling（1980）建议在实际应用过程中，界面粘结应力取值 1MPa。薛立红和蔡绍怀（1996）认为界面粘结力仅与混凝土强度有关，根据他们的试验，当混凝土强度增加时，界面粘结应力上升。Roeder 等（1999）研究了 D_o/t 与界面粘结剪应力的关系。本书基于学者们的研究成果（Shakir-Khalil，1993；薛立红和蔡绍怀，1996；Roeder 等，1999；刘永健和池建军，2006；黄晖等，2010；刘永健等，2010；Tao 等，2011；Radhika 和 Baskar，2012；Khodaie，2013），组建了一个钢管混凝土试件的推出试验数据库，详见表 3.2。

钢管混凝土柱的推出试验结果 　　　　　　　　　　　　　　　　　　　　表 3.2

序号	试件	D_o(mm)	t(mm)	f'_c(MPa)	τ_{bave}(MPa)	τ_{bcal}(MPa)	参考文献
1	D1a	168.3	5	48.1	3.89	0.99	Shakir-Khalil（1993）
2	D1b	168.3	5	48.1			
3	F1a	219.1	6.3	45.1	3.50	0.96	
4	F1b	219.1	6.3	48.8			
5	H1	168.3	5	47.6	1.07	0.99	
6	H4	168.3	5	47.6			

续表

序号	试件	D_o(mm)	t(mm)	f'_c(MPa)	τ_{bave}(MPa)	τ_{bcal}(MPa)	参考文献
7	SH01	165	5	39.0			
8	SH02	165	5	39.0			
9	SH03	165	5	39.0	1.02	0.98	Xue 和 Cai
10	SH04	165	5	39.0			(1996)
11	SH05	165	5	39.0			
12	SH06	165	5	39.0			
13	I-3	355.62	7.11	27.9	1.01	0.68	
14	I-4	355.62	7.11	27.9			
15	I-5	355.62	7.11	37.3	1.83	0.70	
16	I-6	355.62	7.11	28.6	0.42	0.68	
17	I-7	609.58	5.59	29.3	0.31	0.21	
18	II-1	274.52	13.46	47.2	4.96	1.29	
19	II-2	274.52	13.46	46.6			
20	II-3	274.52	13.46	46.6			Roeder 等
21	II-5	355.62	7.11	47.3			(1999)
22	II-6	355.62	7.11	47.3	2.41	0.71	
23	II-7	355.62	7.11	43.9			
24	II-8	355.62	7.11	43.9			
25	II-9	609.58	5.59	44.9			
26	II-10	609.58	5.59	47.2	1.89	0.22	
27	II-11	609.58	5.59	46.2			
28	II-12	609.58	5.59	46.2			
29	YG1	115	4	17.5	1.23	0.99	
30	YG2	115	4	21.7	1.25	1.01	
31	YG3	115	4	25.9	1.18	1.03	Liu 和 Chi
32	YG4	115	4	34.0	1.33	1.06	(2006)
33	YG5	115	4	42.2	1.26	1.08	
34	Sscc1-1	114	3	42.5	1.46	0.90	
35	Sscc1-2	114	3	42.5			Huang
36	Bscc1-1	165	3	42.5	1.31	0.64	等(2010)
37	Bscc1-2	165	3	42.5			

序号	试件	D_o(mm)	t(mm)	f'_c(MPa)	τ_{bave}(MPa)	τ_{bcal}(MPa)	参考文献
38	YG6	115	4	25.9			
39	YG7	115	4	25.9			
40	YG8	115	4	25.9			
41	YG9	115	4	25.9			
42	YG10	115	4	25.9			
43	YG11	115	4	25.9			
44	YG12	115	4	25.9			
45	YG13	115	4	25.9	1.24	1.03	Liu 等 (2010)
46	YG14	115	4	25.9			
47	YG15	115	4	25.9			
48	YG16	115	4	25.9			
49	YG17	115	4	25.9			
50	YG18	115	4	25.9			
51	YG19	115	4	25.9			
52	YG20	115	4	25.9			
53	C1-0a	194	5.5	42.9	1.80	0.95	
54	C1-0b	194	5.5	42.9			
55	C2-0	194	5.5	59.8	1.11	0.98	Tao 等 (2011a)
56	C3-0	194	5.5	43.7	2.78	0.95	
57	C4-0a	377	8.1	42.9	0.46	0.76	
58	C4-0b	377	8.1	42.9			
59	CCFT1	150	5	43.9			
60	CCFT2	150	5	44.5	1.99	1.06	Radhika 和 Baskar(2012)
61	CCFT3	150	5	43.6			
62	N3-1	88.7	3.2	38.2			
63	N3-2	88.7	3.2	38.2	0.96	1.09	
64	N3-4	88.7	3.2	38.2			
65	S3-1	88.7	3.2	54.7			
66	S3-2	88.7	3.2	54.7	1.15	1.13	
67	S3-4	88.7	3.2	54.7			
68	N4-1	114.9	4.5	38.2			Khodaie (2013)
69	N4-2	114.9	4.5	38.2			
70	N4-4	114.9	4.5	38.2	1.44	1.14	
71	N4-7	114.9	4.5	38.2			
72	S4-1	114.9	5.5	54.7			
73	S4-2	114.9	5.5	54.7			
74	S4-4	114.9	5.5	54.7	1.97	1.30	
75	S4-7	114.9	5.5	54.7			

因钢管和混凝土的界面粘结应力是多因素耦合的结果，非常复杂，为了减少试验之间的误差，保持数据库与本书试件所具备条件的一致性，需要制定数据库的标准：（1）试验时，混凝土的龄期为 28d 左右；（2）钢管内表面应保持自然形态，即无需钢丝刷去除锈迹等杂物；（3）试件的高度应不超过外径的 4 倍；（4）试验中的混凝土应为常规重量的混凝土；（5）如果同一试件做了重复试验，那么此试件的内部粘结剪切应力应为重复试验的平均值。应注意的是，在试验数据库中，不同学者使用了不同的试验标准来确定混凝土强度。在本书中，混凝土强度的标准为 150mm×300mm 圆柱体强度（f_c'）。所以，其他不同标准的混凝土强度应转换为此标准混凝土强度，根据（韩林海，2007），有：

$$f_c' = 0.8513 f_{cu} - 1.5998 \tag{3.17}$$

如选取混凝土强度为 100mm×200mm 圆柱体强度（$f_{c,100}'$），那么本书建议使用 Rashid 等（2002）的公式来转换为 150mm×300mm 标准混凝土强度（$f_{c,150}'$）：

$$f_{c,150}' = 0.96 f_{c,100}' \tag{3.18}$$

f_c' 和 D_o/t 对平均界面粘结剪切应力 τ_b 的影响见图 3.66 和图 3.67。从这两个图和表 3.2 可以看出，τ_b 随着 f_c' 的增加或 D_o/t 的减少而增加。而 D_o/t 对 τ_b 的影响较 f_c' 更为显著。如 Roeder 等（1999）所阐述的，混凝土的收缩对 τ_b 的影响极大。当 D_o/t 下降时，混凝土的收缩程度可得到缓解从而获得更大的 τ_b 值。但 f_c' 对混凝土收缩程度的影响较 D_o/t 复杂，因混凝土收缩与混凝土的浆体体积、骨料和添加剂密切相关，而不仅仅与强度相关（Lai 等，2020a）。

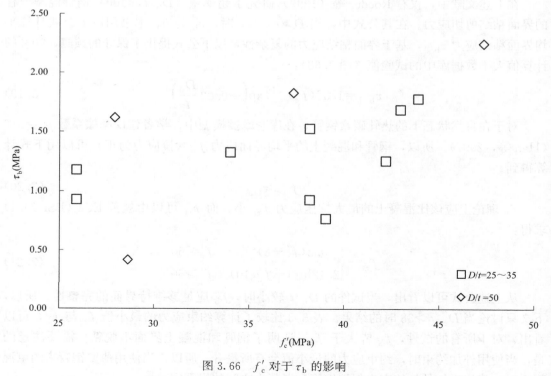

图 3.66 f_c' 对于 τ_b 的影响

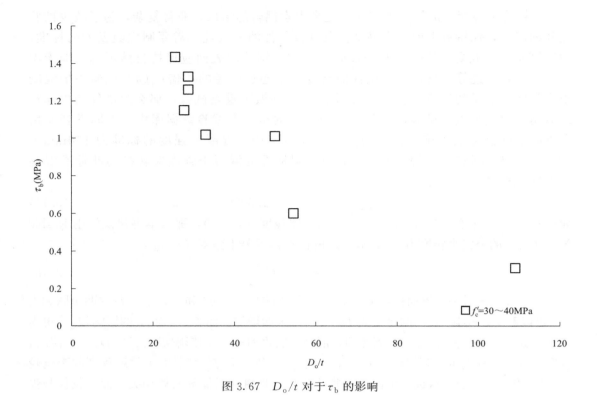

图 3.67　D_o/t 对于 τ_b 的影响

在上述文献中，仅有 Roeder 等（1999）研究了超薄壁（$D_o/t \geqslant 100$）钢管混凝土柱的界面粘结剪切应力。在其公式中，当 $D_o/t \geqslant 120$ 时，τ_b 为 0。本书用以下公式计算平均界面粘结应力 τ_{bcal}，基于界面粘结应力的复杂性，以下公式提供了保守的预测，90％的计算值大于数据库中的试验值（图 3.68）：

$$\tau_{bcal} = 1.32(f_c')^{0.1} \exp\left(-0.02 \frac{D_o}{t}\right) \tag{3.19}$$

对于在自然状态下的热轧碳素钢管，在库仑摩擦模型中，学者建议摩擦系数 $\mu = 0.6$（Han 等，2007）。所以，钢管和混凝土的平均界面应力 f_b（拉应力为正）可以用下式计算得到：

$$\mu f_b \geqslant \tau_{bcal} \tag{3.20}$$

f_b 理论上应该比混凝土的最大抗压应力 f_{ct} 小，而 f_{ct} 可以由规范 EC2（BSI 2004）求得：

$$f_{ct} = \begin{cases} 0.3(f_c'-8)^{2/3} & f_c' \leqslant 60 \\ 2.12\ln(1+f_c'/10) & f_c' > 60 \end{cases} \tag{3.21}$$

从上述公式可以看出，当试件的 D_o/t 较小时，f_b 应足够维持界面的完整性。所以，下文只讨论当 $D_o/t > 38$ 时的结果。表 3.3 比较了计算约束应力的最小值 f_r 与 f_b，可以看出，对于所有的试件，f_b 皆大于 f_r，证明了钢管和混凝土界面不脱粘。需要注意的是，当使用外加约束时，约束应力的最小值会有所提升。所以，当使用薄壁钢管来约束混凝土时，建议添加外加约束来保持钢管和混凝土之间的界面完整性。

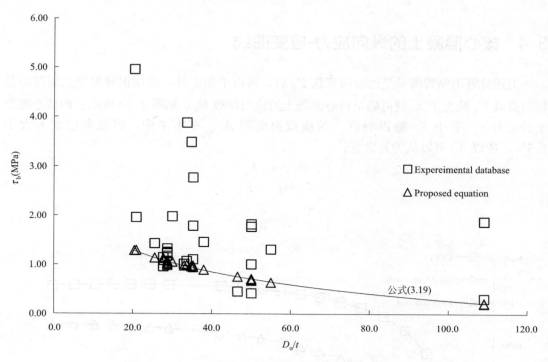

图 3.68 τ_b 的计算公式

薄壁试件的总约束应力和平均界面粘结应力   表 3.3

试件	D_o(mm)	t(mm)	f_r(MPa)	f_b(MPa)
CR20(6)-3-114-30	114.7	2.87	−0.03	1.40
CR30(6)-3-114-30	114.6	2.90	−0.09	1.41
CR40(6)-3-114-30	114.7	2.88	−0.11	1.40
CN0-3-114-30	114.8	2.86	−0.47	1.39
CR20(6)-3-114-80	114.9	2.84	−0.06	1.52
CR30(6)-3-114-80	114.5	2.87	−0.01	1.54
CR40(6)-3-114-80	115.0	2.88	−0.06	1.53
CN0-3-114-80	114.7	2.86	−0.45	1.53
CJ60-1-114-30	111.5	0.96	−0.02	0.31
CJ120-1-114-30	111.7	0.96	−0.11	0.30
CN0-1-114-30	111.6	0.95	−0.10	0.30
CN0-1-114-30_1	111.5	0.96	−0.12	0.30
CJ60-1-114-80	111.6	0.96	−0.15	0.34
CJ120-1-114-80	111.6	0.96	−0.15	0.33
CN0-1-114-80	111.6	0.96	−0.15	0.34
CN0-1-114-80_1	111.8	0.96	−0.18	0.33

注：1. 总约束应力 f_r 按照本书一般的符号规定（压缩应力为正）；

2. 平均界面粘结应力 f_b 按照式(3.20)的符号规定（拉伸应力为正）。

3.4 核心混凝土的纵向应力-应变曲线

上述计算出钢管所承受的轴向荷载 F_s 后，再由平衡条件，即用钢管混凝土构件的总轴向荷载 F_t 减去 F_s，便可确定核心混凝土的轴向荷载 F_c，如图 3.69 所示。而核心混凝土的应力 f_{cc} 等于 F_c 除以混凝土的横截面面积 A_c。在本书中，因纵向应变不大于 1.5%，所以 A_c 可以认为是常数：

$$F_s = \sigma_{sz} A_s \tag{3.22}$$

$$F_c = F_t - F_s \tag{3.23}$$

$$f_{cc} = \frac{F_c}{A_c} \tag{3.24}$$

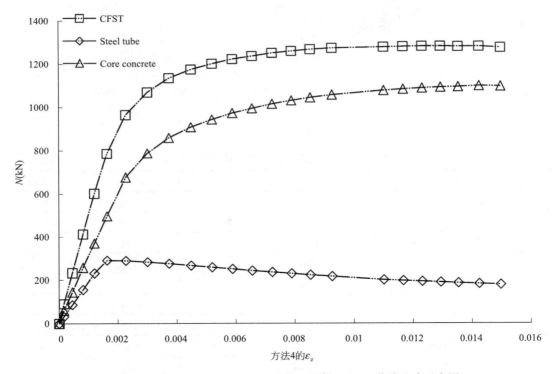

图 3.69 试件 CR(6)20-3-114-80 的核心混凝土 $N\text{-}\varepsilon_z$ 曲线生成示意图

运用式(3.22)~式(3.24)，便可以确定核心混凝土的内力变化。部分试件的 $f_{cc}\text{-}\varepsilon_z$ 曲线见图 3.70~图 3.76，而核心混凝土的峰值应力 f_{ccp} 如表 3.4 所示，其中，$f_{ccp\text{-}c}$ 和 $f_{ccp\text{-}u}$ 分别表示外加约束和无约束试件的核心混凝土的峰值应力。由此可知，外加约束可以增强核心混凝土的力学性能。对于钢管普通强度混凝土试件，可以观察到核心混凝土的应力随着应变的增加而一直上升，说明了在三向受压下，混凝土由脆性材料转变为塑性材料，在力学性能方面有了质的改变。而对于同种钢管约束高强混凝土试件，混凝土应力维持不变（CN0-3-114-80）或有下降趋势（CN0-1-114-80）。对于 D_o/t 较小的钢管高强混凝土试件（图 3.75），核心混凝土的应力也可以随着应力的增加而不断增加，这与钢管普通强度混凝土试件的现象类似。这再一次说明为了保持与约束普通强度混凝土相同的延性，高强混凝土需要更大的约束应力。如图 3.70 所示，对于拥有相同混凝土强度的试件，初始弹性阶段的曲线相差不大，说明在此阶段，钢管厚度的影响可忽略不计。然而，随着纵向应力的增大，壁厚较大的试件呈现出较大的承载力，说明越厚的钢管可以提供越大的约

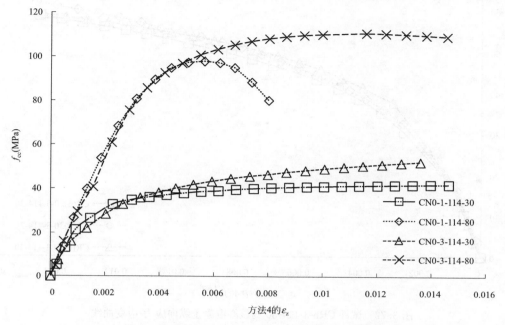

图 3.70　无约束试件的核心混凝土纵向应力-应变曲线（1）

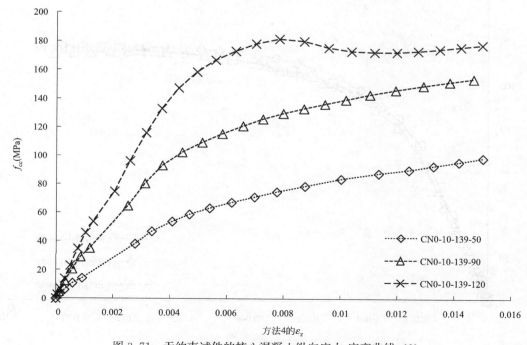

图 3.71　无约束试件的核心混凝土纵向应力-应变曲线（2）

束应力（亦可见表 3.4）。从图 4.71、图 4.74 和图 4.75 可以看出，对于厚壁钢管混凝土试件，核心混凝土的应力-应变曲线并没有薄壁钢管混凝土试件的平滑，特别是屈服点的

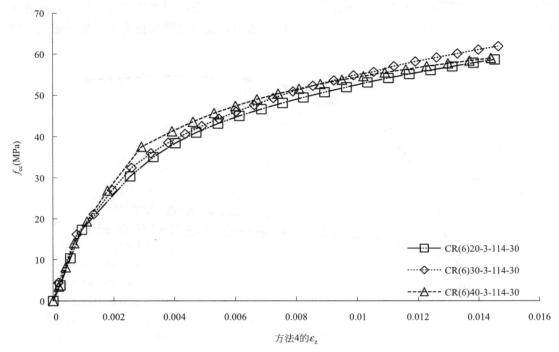

图 3.72　试件 CRn-3-114-30 的核心混凝土纵向应力-应变曲线

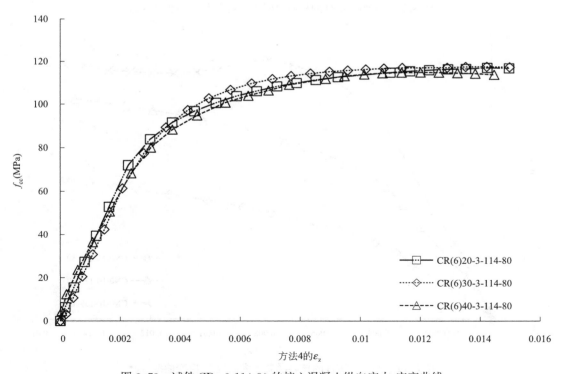

图 3.73　试件 CRn-3-114-80 的核心混凝土纵向应力-应变曲线

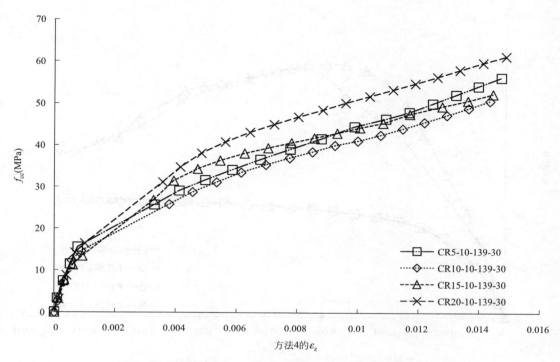

图 3.74 试件 CRn-10-139-30 的核心混凝土纵向应力-应变曲线

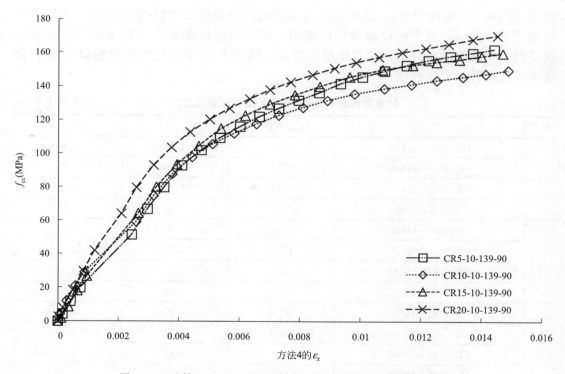

图 3.75 试件 CRn-10-139-90 的核心混凝土纵向应力-应变曲线

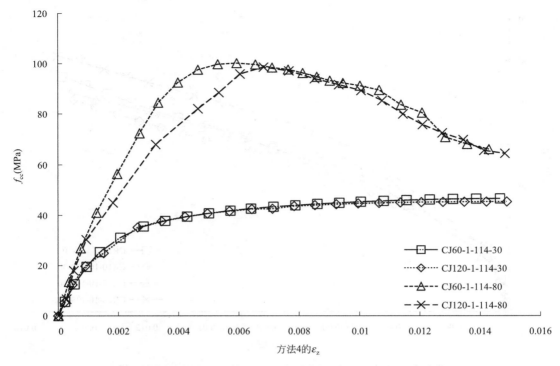

图 3.76 试件 CJn-1-114-30/80 的核心混凝土纵向应力-应变曲线

位置（约 0.2％纵向应力）。这可能是因为把钢管当做理想弹性-塑性体这一假设并非特别严谨。然而，这个假设却被广泛使用，因其引起的误差在工程角度来看是可以接受的。在将来的研究中，建议使用钢管实际的应力-应变曲线取代理想弹性-塑性曲线来模拟试件的力学性能。

约束钢管混凝土试件的核心混凝土峰值应力 表 3.4

组号	试件	f_{ccp}(MPa)	$f_{ccp\text{-}c}/f_{ccp\text{-}u}$	f_{ccp}/f_c'
1	CR(6)20-3-114-30	59.0	1.12	1.88
	CR(6)30-3-114-30	62.2	1.18	1.98
	CR(6)40-3-114-30	59.2	1.12	1.88
	CN0-3-114-30	52.7	1.00	1.68
2	CR(6)20-3-114-80	117.0	1.05	1.46
	CR(6)30-3-114-80	117.5	1.06	1.47
	CR(6)40-3-114-80	114.8	1.03	1.44
	CN0-3-114-80	111.1	1.00	1.39
3	CR(6)10-4-139-30	67.6	1.27	2.21
	CR(6)20-4-139-30	63.7	1.20	2.08
	CR(6)30-4-139-30	65.8	1.23	2.15
	CR(6)40-4-139-30	49.6	0.93	1.62
	CN0-4-139-30_R	53.3	1.00	1.74

续表

组号	试件	f_{ccp} (MPa)	f_{ccp-c}/f_{ccp-u}	f_{ccp}/f'_c
4	CR(6)10-4-139-100	131.5	1.03	1.29
	CR(6)20-4-139-100	141.6	1.10	1.39
	CR(6)30-4-139-100	*	*	*
	CR(6)40-4-139-100	132.9	1.04	1.31
	CN0-4-139-100_R	128.2	1.00	1.26
5	CR10-5-114-50	92.5	1.05	1.80
	CR12.5-5-114-50	92.8	1.05	1.81
	CR15-5-114-50	97.2	1.10	1.89
	CR20-5-114-50	*	*	*
	CN0-5-114-50	88.4	1.00	1.72
6	CR5-5-114-120	212.7	—	1.86
	CR10-5-114-120	216.8	—	1.90
	CR12.5-5-114-120	191.5	—	1.68
	CR15-5-114-120	185.4	—	1.59
	CR20-5-114-120	*	*	*
	CN0-5-114-120	*	*	*
7	CR5-5-168-30	*	*	*
	CR10-5-168-30	73.7	1.26	2.53
	CR12.5-5-168-30	60.8	1.04	2.09
	CR15-5-168-30	60.8	1.04	2.09
	CR20-5-168-30	62.8	1.07	2.16
	CN0-5-168-30	58.7	1.00	2.02
8	CR5-5-168-80	144.0	1.14	1.69
	CR10-5-168-80	133.6	1.06	1.56
	CR12.5-5-168-80	133.6	1.06	1.56
	CR15-5-168-80	128.2	1.01	1.50
	CR20-5-168-80	129.4	1.02	1.52
	CN0-5-168-80	126.4	1.00	1.48
9	CR5-8-168-30	103.2	1.16	2.44
	CR10-8-168-30	103.0	1.15	2.46
	CR12.5-8-168-30	106.5	1.19	2.52
	CR15-8-168-30	90.5	1.01	2.14
	CR20-8-168-30	96.2	1.08	2.27
	CN0-8-168-30	89.2	1.00	2.34

续表

组号	试件	f_{ccp}(MPa)	f_{ccp-c}/f_{ccp-u}	f_{ccp}/f'_c
10	CR5-8-168-80	130.2	—	1.73
	CR10-8-168-80	132.1	—	1.76
	CR12.5-8-168-80	136.3	—	1.60
	CR15-8-168-80	119.8	—	1.59
	CR20-8-168-80	*	*	*
	CN0-8-168-80	*	*	*
11	CR5-10-139-30	57.2	—	2.03
	CR10-10-139-30	52.4	—	1.86
	CR15-10-139-30	53.4	—	1.89
	CR20-10-139-30	61.6	—	2.18
	CN0-10-139-30	*	*	*
12	CR5-10-139-50	101.3	1.03	2.16
	CR10-10-139-50	*	*	*
	CR15-10-139-50	101.6	1.03	2.16
	CR20-10-139-50	97.3	0.99	2.07
	CN0-10-139-50	98.5	1.00	2.10
13	CR5-10-139-90	163.9	1.06	1.82
	CR10-10-139-90	149.8	0.97	1.67
	CR15-10-139-90	160.2	1.03	1.78
	CR20-10-139-90	171.9	1.11	1.91
	CN0-10-139-90	154.9	1.00	1.72
14	CR5-10-139-120	229.4	1.26	1.91
	CR10-10-139-120	194.3	1.07	1.62
	CR15-10-139-120	190.5	1.05	1.59
	CR20-10-139-120	207.2	1.14	1.73
	CN0-10-139-120	182.1	1.00	1.52
15	CR5-10-168-30	52.3	1.08	1.94
	CR10-10-168-30	*	*	*
	CR12.5-10-168-30	*	*	*
	CR15-10-168-30	*	*	*
	CR20-10-168-30	*	*	*
	CN0-10-168-30	48.4	1.00	1.80
16	CR5-10-168-90	*	*	*
	CR10-10-168-90	*	*	*
	CR12.5-10-168-90	175.6	1.12	1.85
	CR15-10-168-90	155.0	0.99	1.63
	CR20-10-168-90	*	*	*
	CN0-10-168-90	156.6	1.00	1.65

组号	试件	f_{ccp}(MPa)	$f_{ccp\text{-}c}/f_{ccp\text{-}u}$	f_{ccp}/f'_c
17	CJ60-1-114-30	46.5	1.10	1.48
	CJ120-1-114-30	45.3	1.07	1.44
	CN0-1-114-30	42.2	1.00	1.34
18	CJ60-1-114-80	100.1	1.02	1.25
	CJ120-1-114-80	98.5	1.00	1.23
	CN0-1-114-80	98.1	1.00	1.23

注：1. *表示在纵向应变达 1.5% 前，应变片破损；

2. —表示由于技术原因，无法获取 $f_{ccp\text{-}u}$ 的试件。

3.5 结论

本章从钢管与混凝土的相互作用出发，采用弹性及塑性力学方法，将处于复杂应力状态下的钢管及混凝土的纵向应力-应变曲线分解开来，对核心混凝土、钢管以及外加约束的内力变化及相互关系进行了较为深入的探讨。本章的相关内容可参考 Lai 和 Ho (2016a)，以下是本章的结论：

①外加约束能有效地维持钢管与混凝土界面的完整性。

②试件的环向应变随着钢管厚度的减小或混凝土强度的增加而增大。另外，约束材料越密集，实际的环向应变越小。

③对钢管混凝土试件而言，由于内部混凝土的支撑效应，局部失稳抗力性能有了较大的提升。

④对于无约束试件，在初始受压阶段，总约束应力为负值。而因为外加约束可以提供额外的约束应力，所以对于多数有外加约束的试件，在初始弹性阶段约束应力为正值。

⑤平均界面粘结力随着 f'_c 的增加或 D_o/t 的减少而增加。

⑥ 外加约束能提升核心混凝土的力学性能。

4

钢管混凝土构件的本构模型

4.1 本构模型

4.1.1 约束混凝土环向应变方程

第 3 章已经指出，为了准确预测钢管混凝土构件的荷载-应变曲线，最重要的是同时模拟约束应力、纵向应变与环向应变的相互关系。但因为这三者关系错综复杂且密不可分，建立一个准确的模型难度极大，这也是该领域的研究热点（Imran 和 Pantazopoulou，1996；Spoelstra 和 Monti，1999；Fam 和 Rizkalla，2001；Lokuge 等，2005；Albanesi 等，2007；Teng 等，2007a；Teng 等，2013；Lim 和 Ozbakkaloglu，2014）。下面概述最新的研究成果。

Imran 和 Pantazopoulou（1996）考虑了混凝土的裂缝发展，提出了体积应变方程。在该模型中，假设混凝土为弹性各向同性材料并采用了广义胡克定律进行分析（Sadd，2014）。但当裂缝开始产生，混凝土变成了各向异性且非均质材料。所以，该模型的准确性有待商榷。Spoelstra 和 Monti（1999）假设了试件的横向应变系数上限为 0.5，然而，本书研究证明，在纵向应变增加时，随着混凝土裂缝的发展，这个系数可能超过 1.0。Albanesi 等（2007）采用了 Fam 和 Rizkalla（2001）的环向应变模型，然而，模型中最重要的系数 C 仅由 3 个试验值确定，因此公式的准确性及适用性有待商榷。Lokuge 等（2005）将环向应变公式分为两段，但这两段曲线的连续性无法保证。Teng 等（2013）的模型是 Teng 等（2007a）模型的修正版，修正依据是他们注意到在钢管混凝土试件受压的初始阶段，由于钢管与混凝土的泊松比不一致而导致核心混凝土受到了负约束力的作用，所以核心混凝土的微裂缝发展要比 FRP 卷材约束混凝土的严重得多，致使在初始阶段，钢管约束混凝土的变形要比 FRP 卷材约束混凝土大。因此能较好地模拟钢管填充普通强度混凝土时的受力曲线。然而，此模型对高强混凝土的适用性还不确定，需要更多的数据来验证其准确性。在这个模型中，钢管考虑为平面应力状态，这个假设仅适用于薄壁钢管，然而，为了约束高强混凝土乃至超高强混凝土，需要使用壁厚较大的钢管。在这种情况下，钢管的平面应力状态不再适用，需要考虑更为复杂的三向受力应力应变曲线。基于 976 个 FRP 约束混凝土和 346 个主动约束混凝土的试验结果，Lim 和 Ozbakkaloglu（2014）提出了一个描述约束混凝土的环-纵向应变的通用关系式，但其对钢管混凝土的准确性有待验证。以上文献中，极少数学者单独考虑了混凝土强度对环向应变的影响。但从第 2 章可知，在不同的混凝土强度下，试件的延性和破坏机理不同，所以混凝土强度对混凝土环向应变有较大的影响。

为了验证上述模型的准确性，本章选取了试件 CN0-1-114-30 _ 1，CN0-3-114-30，CN0-3-114-80 和 CN0-4-139-100 _ R 进行比较，相应的环向-纵向曲线如图 4.1～图 4.4 所示。可以看出，在 Spoelstra 和 Monti（1999）以及 Fam 和 Rizkalla（2001）的模型中，环向应变在数值上较试验的结果小。而 Teng 等（2013）、Lim 和 Ozbakkaloglu（2014）的模型则在数值上高估了环向应变，特别是当纵向应变超过 0.01 时。这些模型中，仅 Lim 和 Ozbakkaloglu（2014）的模型单独考虑了混凝土强度的影响。Imran 和 Pantazopoulou（1996）、Lokuge 等（2005）的模型在混凝土强度超过 80MPa 时偏差非常大，其他模型也出现了较大的偏差。Lim 和 Ozbakkaloglu（2014）的模型不能很好地模拟在初始弹性阶段，钢管混凝土柱出现负约束应力的现象。

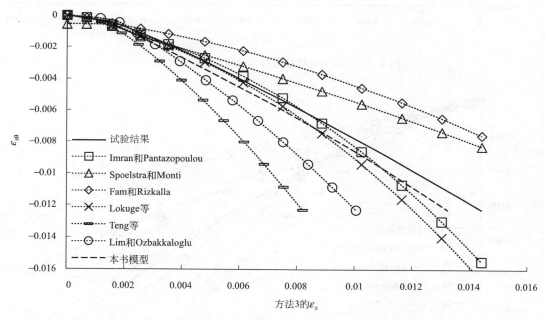

图 4.1　环向应变模型比对（试件 CN0-1-114-30 _ 1）

为了合理预测钢管混凝土的相互作用，亟需一个准确的环向应变公式，综合考虑纵向应变、约束应力以及混凝土强度对环向应变的影响。从第 3 章的分析可知：试件的环向应变随着钢管厚度的减小或混凝土强度的增加而增大；约束材料越密集，实际的环向应变越小。提出的环向应变模型需能综合反映上述的现象。

当 $-f_r < f_b$（平均截面粘结应力）时，可以认为钢管和混凝土的界面保持完好，即两者之间不脱粘。在这种情况下，有：

$$\varepsilon_{cz} = \varepsilon_{sz} = \varepsilon_z \tag{4.1}$$

123

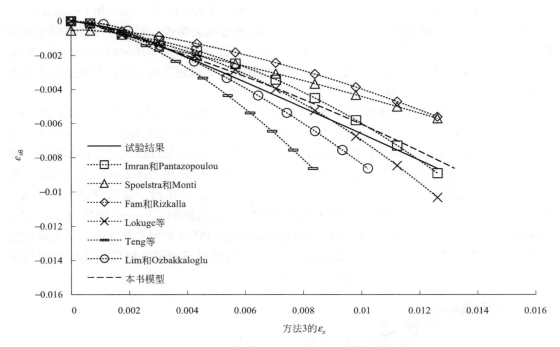

图 4.2　环向应变模型比对（试件 CN0-3-114-30）

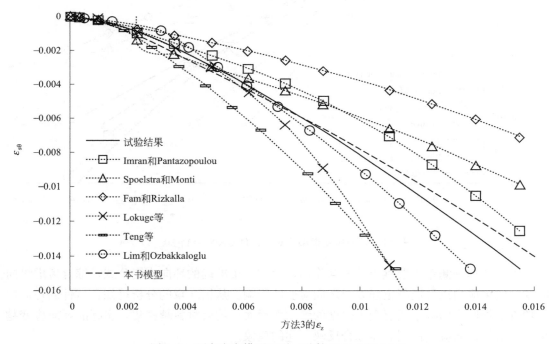

图 4.3　环向应变模型比对（试件 CN0-3-114-80）

$$\varepsilon_{c\theta} = \varepsilon_{s\theta} = \varepsilon_{\theta} \qquad (4.2)$$

式中，ε_{cz} 和 $\varepsilon_{c\theta}$ 分别表示混凝土的纵向和环向应变。

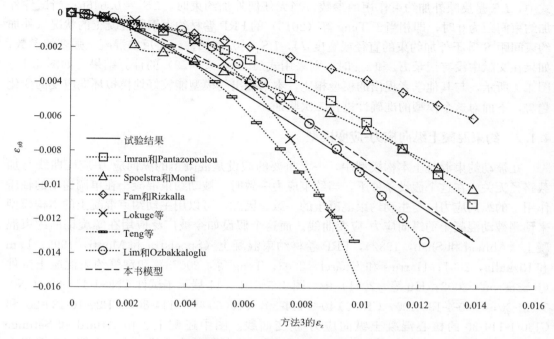

图 4.4　环向应变模型比对（试件 CN0-4-139-100＿R）

　　然而，当 $-f_r > f_b$ 时，钢管和混凝土两者之间界面脱粘。此时，钢管和混凝土独立工作，互不影响。对于核心混凝土来说，环-纵向应变关系可以使用式(4.3)～式(4.9)、纵向应力-应变关系可以使用式(4.10)～式(4.12) 求得，只需将公式中的总约束力 f_r 赋值为 0 就可以了。对于钢管，可以直接使用其单轴应力-应变曲线，此时，由于钢管与混凝土不存在任何相互作用，故 $\sigma_{sy,b}$ 应取值为空心钢管柱的受压屈服应力。如图 3.1 所示，只有当混凝土的横向变形超过钢管时，混凝土和钢管间的组合效应才会再被激活。

　　基于第 2 章的试验结果，本章提出用以下公式来阐述 ε_θ，ε_z，f_r 和 f'_c 这四者的相互关系：

$$\varepsilon_z = LS \left(\frac{f'_c}{30}\right)^m \left\{ \varepsilon_{co} \left[1 + 0.75 \left(\frac{-\varepsilon_\theta}{\varepsilon_{co}}\right)\right]^{0.7} - \varepsilon_{co} \exp\left[7\left(\frac{\varepsilon_\theta}{\varepsilon_{co}}\right)\right] + 0.07(-\varepsilon_\theta)^{0.7}\left[1 + 26.8\left(\frac{f_r}{f'_c}\right)\right]\right\}$$

(4.3)

$$LS = \frac{LS_2 - LS_1}{H - d}(S - d) + LS_1$$

(4.4)

$$LS_1 = 0.6650$$

(4.5)

$$LS_2 = 0.6466$$

(4.6)

$$m = \begin{cases} 0 & f'_c \leqslant 30 \\ -0.05 & f'_c > 30 \end{cases}$$

(4.7)

$$E_c = 4.37(f'_c)^{0.52}$$

(4.8)

$$\varepsilon_{co} = \frac{4.11(f'_c)^{0.75}}{E_c \times 1000} = 9.405 \times 10^{-4}(f'_c)^{0.23}$$

(4.9)

式中，LS 是反映外加约束作用的参数，当无任何外加约束时，$LS_2 = 0.6466$；当试件外加约束间距为 0 时，即相当于 Teng 等（2013）的 FRP 卷材约束钢管混凝土的状况（外加约束间距 S 等于外加约束的直径或宽度 d），$LS_1 = 0.6650$；m 是反映混凝土强度的参数；如果在文献中没有记录 E_c 和 ε_{co} 时，则采用式(4.8)～式(4.9) 的计算结果。如图 4.1～图 4.4 所示，与其他学者提出的模型相比，本书提出的模型能较好地模拟环向应变的变化趋势，下面对这个模型的准确性进行二次验证。

4.1.2 约束混凝土纵向应力-应变模型

在被动约束混凝土本构模型中，一个重要的假设是混凝土的纵向应力-应变曲线与加载路径无关。在这个假设条件下，当约束应力一致时，被动约束混凝土在单调递增的轴压作用下的纵向应力应与主动约束混凝土的一致。因此，可以用主动约束混凝土的本构模型来预测被动混凝土的纵向应力-应变曲线。而这个假设如今被广泛应用在螺旋钢筋约束混凝土（Ahmad 和 Shah，1982），FRP 卷材约束混凝土（Spoelstra 和 Monti，1999；Fam 和 Rizkalla，2001；Harries 和 Kharel，2003；Teng 等，2007a）和钢管约束混凝土试件（Johansson，2002；Hu 等，2011）中。图 4.5～图 4.11 展示了试件 CN0-1-114-30，CN0-3-114-30，CN0-4-139-100，CR(6)40-3-114-30，CR(6)40-3-114-80，CR20-10-139-90 和 CJ60-1-114-30 的核心混凝土纵向应力-应变曲线。图中还配上了由 Attard 和 Setunge（1996）的模型计算出来的一系列主动约束混凝土的应力-应变曲线。由于在第 1 章已经介绍过该模型，所以此处只列举模型的关键计算式：

$$\frac{f_{cc}}{f_{ccp}} = \frac{A(\varepsilon_z/\varepsilon_{cc}) + B(\varepsilon_z/\varepsilon_{cc})^2}{1 + (A-2)(\varepsilon_z/\varepsilon_{cc}) + (B+1)(\varepsilon_z/\varepsilon_{cc})^2} \tag{4.10}$$

$$\varepsilon_{cc} = \varepsilon_{co}\left[1 + (17.0 - 0.06f_c')\frac{f_r}{f_c'}\right] \tag{4.11}$$

对于核心混凝土，建议用以下公式计算在约束应力 f_r 状态下混凝土的纵向应力 f_{ccp}（Richart 等，1929；Cusson 和 Paultre，1994）：

$$\frac{f_{ccp}}{f_c'} = 1 + 4.1\left(\frac{f_r}{f_c'}\right) \tag{4.12}$$

图 4.5～图 4.11 中一系列主动约束混凝土纵向应力-应变曲线的约束应力等于在纵向应变达到 0.003、0.006、0.009、0.012 和 0.015 时钢管混凝土试件的约束应力。对于试件 CR(6)40-3-114-80，在纵向应变达到 0.003、0.006、0.009、0.012 和 0.015 时，根据第 3 章计算出来的被动约束应力为 2.53、7.38、10.11、11.39 和 12.17MPa，对应的主动约束混凝土纵向应力-应变曲线如图 4.9 所示。试件的核心混凝土纵向应力-应变曲线与主动约束混凝土的纵向应力-应变曲线会相交，但交点的纵向应变并非完全是 0.003、0.006、0.009、0.012 和 0.015。根据交点的纵向应变，可以求得此时核心混凝土的约束应力分别为 2.49MPa、9.20MPa、11.19MPa、11.82MPa 和 12.17MPa。可以看出，这几个数值和这一系列主动约束混凝土所承受的约束应力较为接近。表 4.1 列举了图 4.5～图 4.11 中全部试件在交点的被动及主动约束应力，主动与被动约束应力最大差距仅为 10%。由于试验参数涵盖了混凝土强度、钢管强度、外加约束形式以及试件的几何尺寸，且这几个参数的范围较为广泛，所以这种误差是可以接受的。以主动约束混凝土 f_r 与 f_c' 的比值作为纵轴，被动约束混凝土 f_r 与 f_c' 的比值作为横轴，如图 4.12 所示，比值从

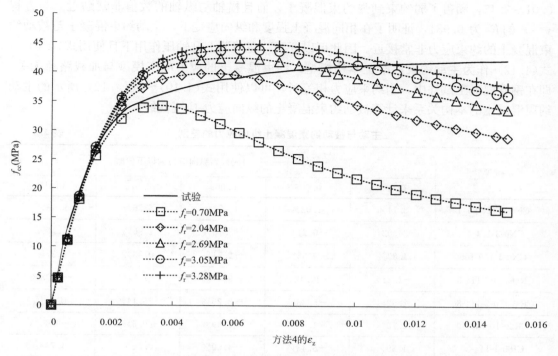

图 4.5　核心混凝土的纵向应力-应变曲线（CN0-1-114-30）

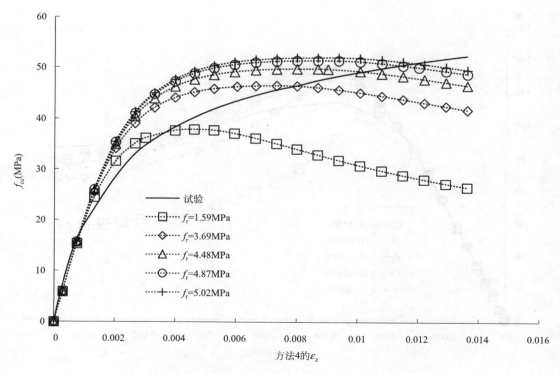

图 4.6　核心混凝土的纵向应力-应变曲线（CN0-3-114-30）

$0.01\sim0.47$，涵盖了弱约束到强约束混凝土，而且横轴与纵轴的数值非常贴近，与方程 $y=x$ 的 R^2 为 0.981，证明了在相同混凝土强度和纵向应变下，主动约束混凝土与被动约束混凝土的约束应力非常接近。因此可以证明，在单调上升轴压作用下且使用式(4.10)～式(4.12)作为主动约束混凝土本构模型，约束混凝土的应力应变模型与加载路径无关，即在钢管混凝土试件中，当约束应力相等时，可以使用式(4.10)～式(4.12)所示的主动约束混凝土的本构关系来计算被动约束混凝土的纵向应力-应变曲线。

主动与被动约束混凝土纵向应力的差别　　　　　　　　　　表 4.1

试件	$\dfrac{f_{cc-pcc}-f_{cc-acc}}{f_{cc-pcc}}\times100\%$当纵向应力为以下值时				
	0.003	0.006	0.009	0.012	0.015
CN0-1-114-30_1	3.14%	-1.02%	1.47%	5.76%	9.98%
CN0-3-114-30	−4.02%	−6.21%	−3.75%	1.96%	5.16%
CN0-4-139-100	1.83%	−9.36%	−2.21%	0.83%	6.37%
CR(6)40-3-114-30	−1.31%	−10.42%	−9.07%	−7.94%	−5.08%
CR(6)40-3-114-80	2.52%	−5.36%	−8.20%	−5.14%	0.26%
CR20-10-139-90	2.76%	−1.24%	−6.49%	−9.51%	−9.65%
CJ60-1-114-30	1.39%	−6.43%	−4.00%	0.65%	4.78%

注：f_{cc-pcc} 和 f_{cc-acc} 分别表示被动和主动约束混凝土的应力。

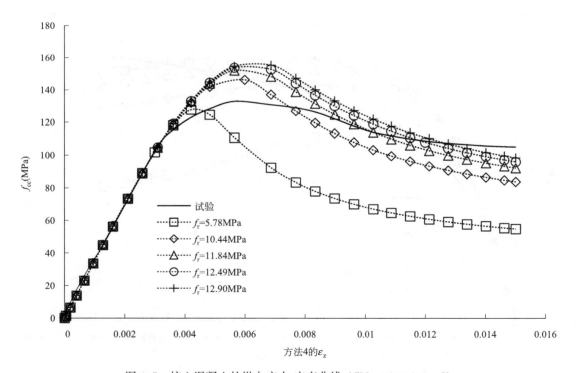

图 4.7　核心混凝土的纵向应力-应变曲线（CN0-4-139-100＿S）

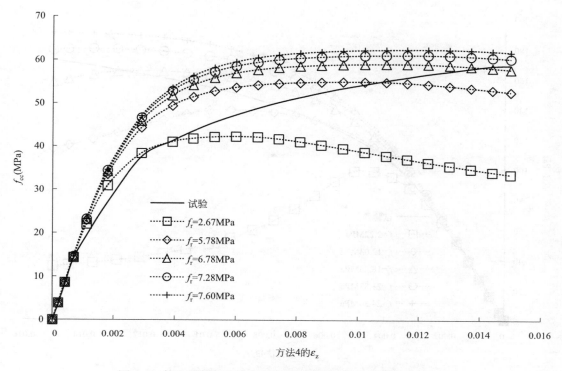

图 4.8 核心混凝土的纵向应力-应变曲线（CR(6)40-3-114-30）

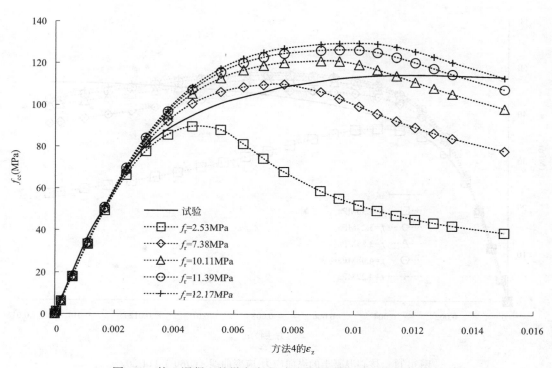

图 4.9 核心混凝土的纵向应力-应变曲线（CR(6)40-3-114-80）

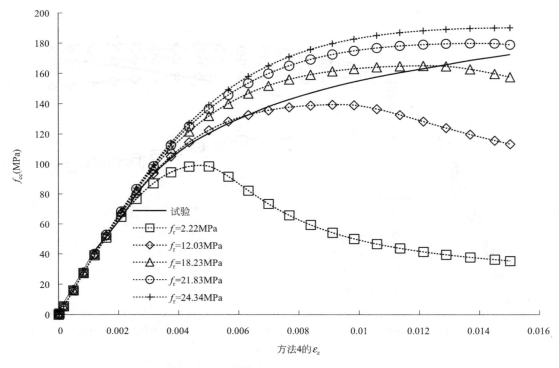

图 4.10 核心混凝土的纵向应力-应变曲线（CR20-10-139-90）

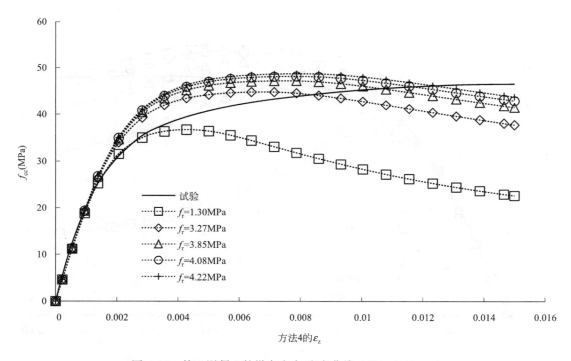

图 4.11 核心混凝土的纵向应力-应变曲线（CJ60-1-114-30）

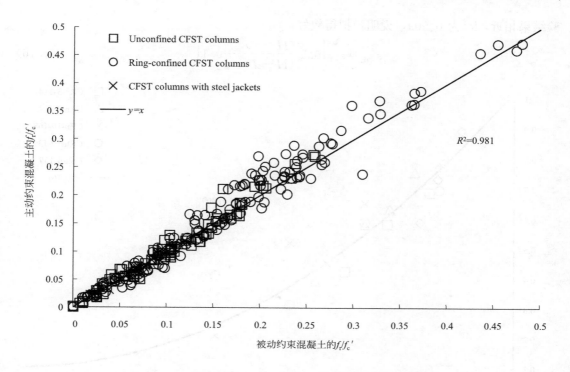

图 4.12　在交点处，被动与主动约束混凝土 f_r/f_c' 的对比

4.1.3　核心混凝土、钢管与外加约束的相互作用模型

在外加约束钢管混凝土试件中，核心混凝土受到了钢管和外加约束的约束应力，因此，得到式(3.13)、式(3.14)。

对于钢环或者夹套约束钢管混凝土试件，通过图 3.51、图 3.52 的自由体受力图，可以得到：

$$f_{rE} = -\frac{2nA_{ssE}}{H(D_o - 2t)}\sigma_E \tag{4.13}$$

其次，对于 FRP 卷材约束钢管混凝土试件，f_{rE} 可以由下面的公式得到：

$$f_{rE} = -\frac{2t_{frp}}{(D_o - 2t)}\sigma_E \tag{4.14}$$

$$\sigma_E = \begin{cases} \varepsilon_{ssE}E_{ssE} & \varepsilon_{ssE}E_{ssE} \leqslant \sigma_{ssE} \\ \sigma_{ssE} & \varepsilon_{ssE}E_{ssE} > \sigma_{ssE} \end{cases} \tag{4.15}$$

式中，σ_E 是外加约束提供的应力；t_{frp} 是 FRP 卷材的厚度。

钢管的三向应力-应变关系可以由式(3.3)~式(3.12)求得，这里不再叙述。

外加约束的环向应变可以通过以下公式计算。首先，有两个边界条件：(1) 对于 FRP 卷材约束钢管混凝土试件，当 $S = d$ 时，ε_{ssE} 可以假设为与 $\varepsilon_{s\theta}$ 相等（Hu 等，2011；Teng 等，2013）；(2) 对于钢管混凝土试件，仅在钢管两端添加外加约束，即 $S \approx H$ 的情况下，试验结果表明 $\varepsilon_{ssE} \approx 0.1\varepsilon_{s\theta}$。图 4.13 绘制了 $\varepsilon_{ssE}/\varepsilon_{s\theta}$ 与 S/H 的关系，类似二次函数，故由边界条件及试验数据，可得到式(4.16)，从图 4.13 可以看出，式(4.16)与试验结果相近，R^2 为 0.909，说明模拟得较好。

$$\varepsilon_{ssE} = \varepsilon_{s\theta} \left[0.9 \frac{(H-S)^2}{(H-d)^2} + 0.1 \right] \tag{4.16}$$

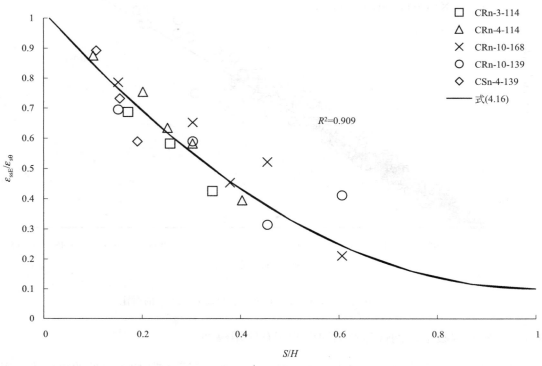

图 4.13 $\varepsilon_{ssE} / \varepsilon_{s\theta}$ 与 S/H 的关系

针对夹套约束钢管混凝土试件中，在试件达到 50% 最大荷载时才添加夹套的情况，式(4.16) 应该调整为：

$$\varepsilon_{ssE} = \begin{cases} 0 & F_t < N_{pl} \\ (\varepsilon_{s\theta} - \varepsilon_{s\theta,pl}) \left[0.9 \frac{(H-S)^2}{(H-d)^2} + 0.1 \right] & F_t \geqslant N_{pl} \end{cases} \tag{4.17}$$

式中，N_{pl} 是固有的压缩轴向荷载，对于试件 CJn-1-114-30 _ R 和 CJn-1-114-80 _ R，分别为 233kN 和 472kN；$\varepsilon_{s\theta,pl}$ 是对应 N_{pl} 的环向应变。

4.1.4   钢管混凝土构件的纵向荷载-应变曲线

在得知钢管混凝土构件中，核心混凝土的纵向应力-应变关系式(4.3)～式(4.12)、钢管的纵向应力-应变关系［式(3.3)～式(3.12)］和两者之间的相互作用，即式(3.13)、式(3.14) 和式(4.13)～式(4.17) 后，钢管混凝土构件在轴心受压时的纵向荷载-应变（或位移）曲线便能通过以下计算得到。

计算得出钢管应力 σ_{sz} 和混凝土应力 f_{cc} 后，再乘以相应的截面面积 A_s 和 A_c，便可以得到钢管和混凝土分别承担的纵向荷载 F_s 和 F_c。考虑到纵向应变不大于 1.5%，所以

A_s 和 A_c 为常数。

$$F_s = \sigma_{sz} A_s \tag{4.18}$$

$$F_c = f_{cc} A_c \tag{4.19}$$

那么钢管混凝土构件的纵向荷载，F_t 为：

$$F_t = F_c + F_s \tag{4.20}$$

钢管混凝土构件全过程纵向荷载-应变曲线的生成需要通过迭代计算，迭代程序的流程图见图 4.14。（1）环向应变赋初始值，通过给予一个环向应变的小增量 $d\varepsilon_{s\theta}$（弹性阶段为 $-0.5\mu\varepsilon$，屈服后为 $-5\mu\varepsilon$），计算下一步的总环向应变 ε_θ^{i+1}；（2）假设一个纵向应变 ε_{z1}^{i+1}，便可以根据公式算出 σ_{sz}、$\sigma_{s\theta}$、σ_{sr} 和 f_r 的值；（3）通过 f_r 和 ε_θ^{i+1} 计算出另一个纵向应变 ε_{z2}^{i+1}，当 ε_{z1}^{i+1} 和 ε_{z2}^{i+1} 足够接近时（误差 $< 0.1\%$），那么 ε_θ^{i+1} 和 ε_{z1}^{i+1} 是收敛的，反之，需要不断从第（2）部开始进行迭代计算，本书选用割线法进行迭代；（4）当得到 ε_θ^{i+1} 和 ε_{z1}^{i+1} 的值后，f_{cc}、F_c、F_s 和 F_t 便可以通过公式计算得到，钢管混凝土构件在轴心受压时的纵向荷载-应变曲线上的一个点便可以确定；（5）重复步骤（1）～（4）直到纵向应变超过 1.5% 时停止，便可以得到一条完整的纵向荷载-应变曲线。

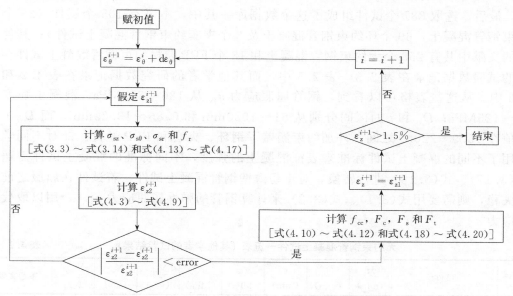

图 4.14 迭代程序流程图

4.2 试验验证

4.2.1 试验数据库

本书建立了一个较大的数据库，涵盖了第 2 章的试验结果以及其他学者关于无约束和外加约束（FRP 卷材）钢管混凝土试件的试验结果（Gardner 和 Jacobson，1967；Luksha 和 Nesterovich，1991；Sakino 和 Hayashi，1991；Kato，1995；Schneider，1998；Saisho 等，1999；O'Shea 和 Bridge，2000；Huang 等，2002；Johansson，2002；Yamamoto 等，2002；余志武等，2002；Giakoumelis 和 Lam，2004；Han 和 Yao，2004；Sakino 等，2004；顾威等，2004；张素梅和王玉银，2004；Han 等，2005；Xiao 等，2005；Teng 和 Hu，2006；谭克锋，2006；Gupta 等，2007；Yu 等，2007；Hu 等，2011；Liao 等，2011；Uy 等，2011；Xue 等，2012；Abed 等，2013）。为了确保数据库的可靠度和一致性，以下是选取数据的原则：（1）试件需处于轴心受压状态；（2）钢管和混凝土需同时受力；（3）为了避免试件的端部效应和弯曲变形失稳，试件的 H/D_o 的比值为 2～4；（4）数据不包含采用内部约束的试件；（5）若试件的试验最大承载力小于钢管和混凝土的承载力之和，则不列入数据库，因其没有体现任何的组合效应；（6）当组合效应足够大时，钢管混凝土试件的纵向承载力不断上升。若在文献中没有这种试件的全过程曲线，则此种试件也不列入数据库中。

数据库中极限承载力的定义与第 2 章的一致，为在纵向应变不大于 1.5％时的最大试验承载力。在数据库所有试件中，绝大部分都是热轧碳钢管，为了检验模型对其他类钢管约束混凝土的适用性，数据库也选取了部分采用了冷弯型钢（Sakino 等，2004；Liao 等，2011）和不锈钢（Uy 等，2011）的试件。

最后，选取 381 个试件组成了这个数据库。其中，本书有 105 个试件（28 个无约束钢管混凝土，69 个环约束钢管混凝土及 8 个夹套约束钢管混凝土试件）；其他学者的文献中共有 258 个无约束钢管混凝土和 18 个 FRP 卷材约束钢管混凝土试件。本书的试验数据记录在表 2.3～表 2.5 中，而其他学者的研究数据记录在表 4.2 和表 4.3 中。从这些表格可以看到，钢管屈服应力 σ_{sy} 从 186～853MPa；混凝土强度从 15～125MPa；D_o 和 t 的区间分别从 51～1020mm 和 0.86～13.25mm，而 D_o/t 的比值在 15.9～220.9 之间。外加约束涵盖了钢环、夹套和 FRP 卷材。针对不同学者采用了不同的混凝土试件标准来表征混凝土的强度，不同标准的混凝土试件需通过式(3.17)、式(3.18)进行转换。对于超薄壁钢管混凝土试件，若试件在屈服之前便已失稳，则需要用式(3.1)、式(3.2)来计算钢管的弹性屈曲应力 $\sigma_{sy,b}$，用以取代屈服应力 σ_{sy}。

无约束钢管混凝土试件一览表（其他学者的试验结果）　　　　表 4.2

序号	试件	H (mm)	D_o (mm)	t (mm)	σ_{sy} (MPa)	f_c' (MPa)	N_{exp} (kN)	N_{cal} (kN)	N_{exp}/N_{cal}	参考文献
1	3	203	101.7	3.07	650.1	34.1	1112	998	1.11	Gardner 和 Jacobson (1967)
2	4	203	101.7	3.07	650.1	31.2	1067	971	1.10	
3	8	241	120.8	4.06	451.6	34.4	1200	1186	1.01	
4	9	241	120.8	4.09	451.6	34.1	1200	1187	1.01	
5	10	241	120.8	4.09	451.6	29.6	1112	1131	0.98	
6	13	305	152.6	3.18	415.1	25.9	1200	1255	0.96	
7	14	305	152.6	3.07	415.1	20.9	1200	1136	1.06	

续表

序号	试件	H (mm)	D_o (mm)	t (mm)	σ_{sy} (MPa)	f'_c (MPa)	N_{exp} (kN)	N_{cal} (kN)	N_{exp}/N_{cal}	参考文献
8	SB2	1890	630.0	7.00	291.4	36.0	16650	16948	0.98	
9	SB3	1890	630.0	7.61	349.5	35.0	18000	18192	0.99	
10	SB4	1890	630.0	8.44	350.0	34.5	18600	18718	0.99	
11	SB5	1890	630.0	10.21	323.3	38.4	20500	20702	0.99	Luksha 和
12	SB6	1890	630.0	11.60	347.2	46.0	24400	24786	0.98	Nesterovich
13	SB7	2160	720.0	8.30	312.0	15.0	15000	14296	1.05	(1991)
14	SB8	2460	820.0	8.93	331.0	45.0	33600	34514	0.97	
15	SB9	3060	1020.0	9.64	336.0	16.9	30000	28681	1.05	
16	SB10	3060	1020.0	13.25	368.7	28.9	46000	44807	1.03	
17	L-20-1	360	178.0	9.00	283.0	21.3	2120	2048	1.04	
18	L-20-2	360	178.0	9.00	283.0	21.3	2060	2048	1.01	
19	H-20-1	360	178.0	9.00	283.0	43.6	2720	2614	1.04	
20	H-20-2	360	178.0	9.00	283.0	43.6	2730	2614	1.04	
21	L-32-1	360	179.0	5.50	249.0	21.2	1410	1456	0.97	
22	L-32-2	360	179.0	5.50	249.0	22.9	1560	1501	1.04	Sakino 和
23	H-32-1	360	179.0	5.50	249.0	42.0	2080	1985	1.05	Hayashi
24	H-32-2	360	179.0	5.50	249.0	42.0	2070	1985	1.04	(1991)
25	L-58-1	360	174.0	3.00	266.0	22.9	1220	1126	1.08	
26	L-58-2	360	174.0	3.00	266.0	22.9	1220	1126	1.08	
27	H-58-1	360	174.0	3.00	266.0	43.9	1640	1629	1.01	
28	H-58-2	360	174.0	3.00	266.0	43.9	1710	1629	1.05	
29	H-30.1	305	101.6	2.99	377.3	59.9	921	920	1.00	
30	H-30.2	305	101.6	2.99	377.3	59.9	921	920	1.00	
31	H-30.3	305	101.6	2.96	377.3	59.9	901	920	0.98	
32	H-50.1	419	139.8	2.78	341.0	55.0	1323	1385	0.95	
33	H-50.2	419	139.8	2.78	341.0	55.0	1391	1385	1.00	
34	H-50.3	419	139.8	2.78	341.0	55.0	1313	1385	0.95	
35	H-60.1	419	139.8	2.37	462.6	59.9	1558	1552	1.00	
36	H-60.2	419	139.8	2.37	462.6	68.0	1577	1676	0.94	Saisho 等
37	H-60.3	419	139.8	2.37	462.6	68.0	1577	1676	0.94	(1999)
38	H-60.4	419	139.8	2.37	462.6	68.0	1626	1676	0.97	
39	L-30.1	305	101.6	2.96	377.3	24.4	676	615	1.10	
40	L-30.2	305	101.6	2.99	377.3	26.6	715	638	1.12	
41	L-30.3	305	101.6	2.99	377.3	28.2	715	651	1.10	
42	L-50.1	419	139.8	2.78	341.0	24.4	931	902	1.03	

序号	试件	H (mm)	D_o (mm)	t (mm)	σ_{sy} (MPa)	f'_c (MPa)	N_{exp} (kN)	N_{cal} (kN)	N_{exp}/N_{cal}	参考文献
43	L-50.2	419	139.8	2.78	341.0	26.6	950	936	1.01	Saisho 等 (1999)
44	L-60.1	419	139.8	2.37	462.6	26.6	1098	1018	1.08	
45	L-60.2	419	139.8	2.37	462.6	26.6	1107	1018	1.09	
46	L-60.3	419	139.8	2.37	462.6	26.6	1078	1018	1.06	
47	C04LB	905	301.5	4.50	381.2	26.6	3851	4040	0.95	Kato (2002)
48	C06LB	896	298.5	5.74	399.8	26.6	4537	4567	0.99	
49	C08LB	895	298.4	7.65	384.2	26.6	4919	5167	0.95	
50	C12LB	891	297.0	11.88	347.9	26.6	5909	6127	0.96	
51	C04MB	905	301.5	4.50	381.2	34.2	4547	4600	0.99	
52	C06MB	896	298.5	5.74	399.8	31.0	5125	4889	1.05	
53	C08MB	895	298.4	7.65	384.2	34.1	5821	5717	1.02	
54	C12MB	891	297.0	11.88	347.9	34.2	7222	6676	1.08	
55	C2MBH	904	301.3	11.59	471.4	34.2	8594	8163	1.05	
56	C06HB	896	298.5	5.74	399.8	79.1	7938	8309	0.96	
57	C08HB	895	298.4	7.65	384.2	79.1	8388	8922	0.94	
58	C12HB	891	297.0	11.88	347.9	79.1	9388	9807	0.96	
59	C10A-2A-1	304	101.4	3.02	371.0	22.3	660	596	1.11	Yamamoto 等 (2002)
60	C10A-2A-2	306	101.9	3.07	371.0	22.3	649	605	1.07	
61	C10A-2A-3	305	101.8	3.05	371.0	22.3	682	603	1.13	
62	C20A-2A	649	216.4	6.66	452.0	23.3	3568	3186	1.12	
63	C30A-2A	955	318.3	10.34	331.0	23.2	6565	5810	1.13	
64	C10A-3A-1	305	101.7	3.04	371.0	38.6	800	751	1.07	
65	C10A-3A-2	304	101.3	3.03	371.0	38.6	742	735	1.01	
66	C20A-3A	649	216.4	6.63	452.0	36.7	4023	3714	1.08	
67	C30A-3A	955	318.3	10.35	339.0	37.6	7933	7101	1.12	
68	C10A-4A-1	306	101.9	3.04	371.0	49.2	877	846	1.04	
69	C10A-4A-2	305	101.5	3.05	371.0	49.2	862	830	1.04	
70	C20A-4A	649	216.4	6.65	452.0	44.9	4214	4048	1.04	
71	C30A-4A	956	318.5	10.38	339.0	50.1	8289	8151	1.02	
72	C1	605	140.8	3.00	285.0	28.2	881	920	0.96	Schneider (1998)
73	C2	608	141.4	6.50	313.0	23.8	1367	1353	1.01	
74	C3	616	140.0	6.68	537.0	28.2	2010	2087	0.96	

序号	试件	H (mm)	D_o (mm)	t (mm)	σ_{sy} (MPa)	f_c' (MPa)	N_{exp} (kN)	N_{cal} (kN)	N_{exp}/N_{cal}	参考文献
75	S30CS50B	581	165.0	2.82	363.3	48.3	1662	1736	0.96	
76	S20CS50A	664	190.0	1.94	256.4	41.0	1678	1591	1.05	
77	S16CS50B	665	190.0	1.52	293.1	48.3	1695	1750	0.97	
78	S12CS50A	665	190.0	1.13	185.7	41.0	1377	1346	1.02	
79	S10CS50A	659	190.0	0.86	165.8	41.0	1350	1232	1.10	
80	S30CS80A	581	165.0	2.82	363.3	80.2	2295	2409	0.95	
81	S20CS80B	664	190.0	1.94	256.4	74.7	2592	2526	1.03	O'Shea 和 Bridge (2000)
82	S16CS80A	664	190.0	1.52	293.1	80.2	2602	2631	0.99	
83	S12CS80A	663	190.0	1.13	185.7	80.2	2295	2434	0.94	
84	S10CS80B	664	190.0	0.86	165.8	74.7	2451	2173	1.13	
85	S30CS10A	578	165.0	2.82	363.3	108.0	2673	2973	0.90	
86	S20CS10A	660	190.0	1.94	256.4	108.0	3360	3458	0.97	
87	S16CS10A	662	190.0	1.52	293.1	108.0	3260	3395	0.96	
88	S12CS10A	660	190.0	1.13	185.7	108.0	3058	3207	0.95	
89	S10CS10A	662	190.0	0.86	165.8	108.0	3070	3103	0.99	
90	CU-040	600	200.0	5.00	265.8	27.2	2004	1890	1.06	
91	CU-070	840	280.0	4.00	272.6	31.2	3025	3233	0.94	Huang 等 (2002)
92	CU-150	900	300.0	2.00	244.2	27.2	2608	2624	0.99	
93	SFE4	650	159.0	5.00	390.0	36.6	1770	1863	0.95	
94	SFE5	650	159.0	6.80	402.0	36.6	2130	2224	0.96	
95	SFE6	650	159.0	10.00	355.0	36.6	2500	2531	0.99	Jahansson (2002)
96	SFE7	650	159.0	5.00	390.0	93.8	2740	2999	0.91	
97	SFE8	650	159.0	6.80	402.0	93.8	3220	3357	0.96	
98	SFE9	650	159.0	10.00	355.0	93.8	3710	3609	1.03	
99	G4-1a	500	165.0	1.00	222.0	73.4	1773	1655	1.07	
100	G2-2b	500	151.0	2.00	405.0	69.6	1933	1768	1.09	
101	G4-2c	500	165.0	2.00	338.0	73.4	2077	2048	1.01	
102	G4-2d	500	165.0	2.00	338.0	73.4	1930	2048	0.94	
103	G4-2e	500	165.0	2.00	338.0	73.4	1920	2048	0.94	
104	G2-4.5b	500	151.0	4.50	438.0	69.6	2572	2365	1.09	余志武等 (2002)
105	G2-6a	500	159.0	6.00	405.0	69.6	2957	2768	1.07	
106	G2-8a	500	159.0	8.00	438.0	69.6	3173	3253	0.98	
107	G2-8b	500	159.0	8.00	438.0	69.6	3267	3253	1.00	
108	G2-8c	500	159.0	8.00	438.0	69.6	3330	3253	1.02	

序号	试件	H (mm)	D_o (mm)	t (mm)	σ_{sy} (MPa)	f'_c (MPa)	N_{exp} (kN)	N_{cal} (kN)	N_{exp}/N_{cal}	参考文献
109	C3	300	114.4	3.98	343.0	25.1	826	819	1.01	
110	C4	300	114.6	3.99	343.0	78.1	1308	1375	0.95	
111	C7	301	114.9	4.91	365.0	27.9	1050	998	1.05	
112	C8	300	115.0	4.92	365.0	87.7	1787	1624	1.10	Giakoumelis 和
113	C9	301	115.0	5.02	365.0	47.4	1390	1224	1.14	Lam（2004）
114	C11	300	114.3	3.75	343.0	47.4	1013	1030	0.98	
115	C12	300	114.3	3.85	343.0	25.6	826	807	1.02	
116	C14	300	114.5	3.84	343.0	82.6	1359	1402	0.97	
117	0-1.5	400	127.0	1.50	350.0	48.2	890	902	0.99	
118	0-2.5	400	129.0	2.50	350.0	48.2	1140	1091	1.04	顾威等（2004）
119	0-3.5	400	131.0	3.50	310.0	48.2	1173	1200	0.98	
120	0-4.5	400	133.0	4.50	310.0	48.2	1408	1354	1.04	
121	scsc1-1	300	100.0	3.00	303.5	48.2	708	724	0.98	
122	sch1-1	300	100.0	3.00	303.5	48.2	766	724	1.06	
123	scv1-1	300	100.0	3.00	303.5	48.2	780	724	1.08	
124	scsc2-1	600	200.0	3.00	303.5	48.2	2320	2294	1.01	Han 和 Yao
125	scsc2-2	600	200.0	3.00	303.5	48.2	2330	2294	1.02	（2004）
126	sch2-1	600	200.0	3.00	303.5	48.2	2160	2294	0.94	
127	sch2-2	600	200.0	3.00	303.5	48.2	2160	2294	0.94	
128	scv2-1	600	200.0	3.00	303.5	48.2	2383	2294	1.04	
129	scv2-2	600	200.0	3.00	303.5	48.2	2256	2294	0.98	
130	CC4-A-2	447	149.0	2.96	308.0	25.4	941	989	0.95	
131	CC4-A-8	447	149.0	2.96	308.0	77.0	1781	1891	0.94	
132	CC6-A-2	366	122.0	4.54	576.0	25.4	1509	1383	1.09	
133	CC6-A-4-1	366	122.0	4.54	576.0	40.5	1657	1585	1.05	
134	CC6-A-4-2	366	122.0	4.54	576.0	40.5	1663	1585	1.05	
135	CC6-A-8	366	122.0	4.54	576.0	77.0	2100	2041	1.03	
136	CC6-C-2	717	239.0	4.54	507.0	25.4	3035	3267	0.93	Sakino 等
137	CC6-C-4-1	714	238.0	4.54	507.0	40.5	3583	3970	0.90	（2004）
138	CC6-C-4-2	714	238.0	4.54	507.0	40.5	3647	3970	0.92	
139	CC6-C-8	714	238.0	4.54	507.0	77.0	5578	5640	0.99	
140	CC6-D-2	1083	361.0	4.54	460.7	25.4	5633	5750	0.98	
141	CC6-D-4-1	1083	361.0	4.54	460.7	41.1	7260	7421	0.98	
142	CC6-D-4-2	1080	360.0	4.54	462.0	41.1	7045	7421	0.95	
143	CC6-D-8	1080	360.0	4.54	462.0	85.1	11505	11849	0.97	

续表

序号	试件	H (mm)	D_o (mm)	t (mm)	σ_{sy} (MPa)	f'_c (MPa)	N_{exp} (kN)	N_{cal} (kN)	N_{exp}/N_{cal}	参考文献
144	CC8-A-2	324	108.0	6.47	853.0	25.4	2275	2081	1.09	
145	CC8-A-4-1	327	109.0	6.47	853.0	40.5	2446	2277	1.07	
146	CC8-A-4-2	324	108.0	6.47	853.0	40.5	2402	2277	1.05	
147	CC8-A-8	324	108.0	6.47	853.0	77.0	2713	2624	1.03	
148	CC8-C-2	666	222.0	6.47	843.0	25.4	4964	5155	0.96	
149	CC8-C-4-1	666	222.0	6.47	843.0	40.5	5638	5866	0.96	Sakino 等
150	CC8-C-4-2	666	222.0	6.47	843.0	40.5	5714	5866	0.97	(2004)
151	CC8-C-8	666	222.0	6.47	843.0	77.0	7304	7466	0.98	
152	CC8-D-2	1011	337.0	6.47	703.3	25.4	8475	7998	1.06	
153	CC8-D-4-1	1011	337.0	6.47	703.3	41.1	9668	9582	1.01	
154	CC8-D-4-2	1011	337.0	6.47	703.3	41.1	9835	9582	1.03	
155	CC8-D-8	1011	337.0	6.47	703.3	85.1	13776	13736	1.00	
156	L-A-1-92h	503	167.4	3.32	354.0	39.9	1704	1673	1.02	
157	L-A-2-99h	502	167.3	3.35	354.0	39.9	1668	1677	0.99	
158	L-A-3-98h	503	167.5	3.33	354.0	39.9	1700	1677	1.01	
159	L-B-1-85h	419	138.9	3.29	332.0	34.8	1140	1120	1.02	
160	L-B-3-89h	419	139.5	3.37	332.0	34.8	1180	1140	1.04	
161	L-C-1-87h	416	139.9	3.58	325.0	34.8	1222	1163	1.05	
162	L-C-2-101h	421	139.9	3.54	325.0	34.8	1242	1171	1.06	
163	M-A-1-97h	503	167.0	3.37	354.0	56.1	2075	2039	1.02	
164	M-A-2-100h	503	167.1	3.33	354.0	56.1	2105	2033	1.04	
165	M-A-3-95h	504	167.8	3.33	354.0	56.1	2055	2047	1.00	张素梅和
166	M-B-1-20h	418	138.6	3.31	332.0	49.5	1480	1348	1.10	王玉银(2004)
167	M-C-3-86h	420	139.7	3.61	325.0	48.6	1540	1394	1.10	
168	M-E-1-21h	396	133.4	5.17	351.0	56.1	1810	1668	1.09	
169	M-E-2-27h	396	133.2	5.03	351.0	56.1	1770	1628	1.09	
170	H-B-2-309h	418	138.7	3.28	332.0	61.4	1680	1534	1.10	
171	H-D-1-311h	477	159.3	5.36	356.0	61.4	2480	2365	1.05	
172	H-D-2-308h	476	160.2	5.01	356.0	61.4	2440	2308	1.06	
173	H-F-1-307h	397	133.3	5.43	392.0	61.4	1820	1859	0.98	
174	H-F-2-313h	397	133.1	5.44	392.0	61.4	1915	1856	1.03	

序号	试件	H (mm)	D_o (mm)	t (mm)	σ_{sy} (MPa)	f'_c (MPa)	N_{exp} (kN)	N_{cal} (kN)	N_{exp}/N_{cal}	参考文献
175	CA1-1	180	60.0	1.87	282.0	70.9	312	319	0.98	Han 等 (2005)
176	CA1-2	180	60.0	1.87	282.0	70.9	320	319	1.00	
177	CA2-1	300	100.0	1.87	282.0	70.9	822	773	1.06	
178	CA2-2	300	100.0	1.87	282.0	70.9	845	773	1.09	
179	CA3-1	450	150.0	1.87	282.0	70.9	1701	1593	1.07	
180	CA3-2	450	150.0	1.87	282.0	70.9	1670	1593	1.05	
181	CA4-1	600	200.0	1.87	282.0	70.9	2783	2688	1.04	
182	CA4-2	600	200.0	1.87	282.0	70.9	2824	2688	1.05	
183	CA5-1	750	250.0	1.87	274.0	70.9	3950	4043	0.98	
184	CA5-2	750	250.0	1.87	274.0	70.9	4102	4043	1.01	
185	CB1-1	180	60.0	2.00	404.0	70.9	427	379	1.13	
186	CB1-2	180	60.0	2.00	404.0	70.9	415	379	1.09	
187	CB2-1	300	100.0	2.00	404.0	70.9	930	884	1.05	
188	CB2-2	300	100.0	2.00	404.0	70.9	920	884	1.04	
189	CB3-1	450	150.0	2.00	404.0	70.9	1870	1770	1.06	
190	CB3-2	450	150.0	2.00	404.0	70.9	1743	1770	0.98	
191	CB4-1	600	200.0	2.00	366.3	70.9	3020	2867	1.05	
192	CB4-2	600	200.0	2.00	366.3	70.9	3011	2867	1.05	
193	CB5-1	750	250.0	2.00	293.1	70.9	4442	4124	1.08	
194	CB5-2	750	250.0	2.00	293.1	70.9	4550	4124	1.10	
195	CC1-1	180	60.0	2.00	404.0	75.0	432	391	1.10	
196	CC1-2	180	60.0	2.00	404.0	75.0	437	391	1.12	
197	CC2-1	450	150.0	2.00	404.0	75.0	1980	1840	1.08	
198	CC2-2	450	150.0	2.00	404.0	75.0	1910	1840	1.04	
199	CC3-1	750	250.0	2.00	293.1	75.0	4720	4319	1.09	
200	CC3-2	750	250.0	2.00	293.1	75.0	4800	4319	1.11	
201	GH1-1	438	125.0	1.00	232.0	97.2	1275	1309	0.97	谭克锋 (2006)
202	GH1-2	438	125.0	1.00	232.0	97.2	1239	1309	0.95	
203	GH2-1	445	127.0	2.00	258.0	97.2	1491	1490	1.00	
204	GH3-1	465	133.0	3.50	352.0	97.2	1995	1967	1.01	
205	GH3-2	465	133.0	3.50	352.0	97.2	1991	1967	1.01	
206	GH3-3	465	133.0	3.50	352.0	97.2	1962	1967	1.00	
207	GH4-1	465	133.0	4.70	352.0	97.2	2273	2132	1.07	
208	GH4-2	465	133.0	4.70	352.0	97.2	2158	2132	1.01	
209	GH4-3	465	133.0	4.70	352.0	97.2	2253	2132	1.06	
210	GH5-1	445	127.0	7.00	429.0	97.2	2404	2463	0.98	
211	GH5-2	445	127.0	7.00	429.0	97.2	2370	2463	0.96	
212	GH5-3	445	127.0	7.00	429.0	97.2	2364	2463	0.96	
213	GH6-3	378	108.0	4.50	358.0	88.6	1518	1415	1.07	

序号	试件	H (mm)	D_o (mm)	t (mm)	σ_{sy} (MPa)	f'_c (MPa)	N_{exp} (kN)	N_{cal} (kN)	N_{exp}/N_{cal}	参考文献
214	D3M3C1	340	89.3	2.74	360.0	19.8	494	466	1.06	
215	D3M3C2	340	89.3	2.74	360.0	23.0	464	466	1.00	
216	D3M3C3	340	89.3	2.74	360.0	22.4	500	466	1.07	
217	D4M3C1	340	112.6	2.89	360.0	19.8	670	671	1.00	
218	D4M3C2	340	112.6	2.89	360.0	23.0	646	671	0.96	
219	D4M3C3	340	112.6	2.89	360.0	22.4	661	671	0.99	Gupta 等 (2007)
220	D3M4C1	340	89.3	2.74	360.0	30.4	560	528	1.06	
221	D3M4C2	340	89.3	2.74	360.0	32.5	536	528	1.02	
222	D3M4C3	340	89.3	2.74	360.0	30.6	566	528	1.07	
223	D4M4C1	340	112.6	2.89	360.0	30.4	786	769	1.02	
224	D4M4C2	340	112.6	2.89	360.0	32.5	752	769	0.98	
225	D4M4C3	340	112.6	2.89	360.0	30.6	765	769	0.99	
226	SZ3S6A1	510	165.0	2.73	350.0	64.1	2080	2031	1.02	
227	SZ3S4A1	510	165.0	2.72	350.0	46.9	1750	1662	1.05	Yu 等 (2007)
228	SZ3C4A1	510	165.0	2.75	350.0	37.8	1560	1468	1.06	
229	F0-102	400	204.0	2.00	226.0	42.2	1864	1816	1.03	
230	F0-135	400	203.0	1.50	242.0	42.1	1699	1719	0.99	Hu 等 (2011)
231	F0-202	400	202.0	1.00	181.4	35.9	1380	1250	1.10	
232	cn-1	740	180.0	3.80	360.0	53.0	2110	2340	0.90	Liao 等 (2011)
233	cn-2	740	180	3.8	360	53.0	2070	2340	0.88	
234	C20-50 * 1.2A	150	50.8	1.20	291.0	20.0	106	111	0.96	
235	C20-50 * 1.2B	150	50.8	1.20	291.0	20.0	112	111	1.01	
236	C30-50 * 1.2A	150	50.8	1.20	291.0	30.0	134	133	1.01	
237	C30-50 * 1.2B	150	50.8	1.20	291.0	30.0	130	133	0.98	
238	C20-50 * 1.6A	150	50.8	1.60	298.0	20.0	132	131	1.01	
239	C20-50 * 1.6B	150	50.8	1.60	298.0	20.0	140	131	1.07	
240	C30-50 * 1.6A	150	50.8	1.60	298.0	30.0	167	154	1.09	
241	C30-50 * 1.6B	150	50.8	1.60	298.0	30.0	162	154	1.05	
242	C20-100 * 1.6A	300	101.6	1.60	320.0	20.0	421	379	1.11	Uy 等(2011)
243	C20-100 * 1.6B	300	101.6	1.60	320.0	20.0	426	379	1.12	
244	C30-100 * 1.6A	300	101.6	1.60	320.0	30.0	477	465	1.03	
245	C30-100 * 1.6B	300	101.6	1.60	320.0	30.0	477	465	1.03	
246	C30-150 * 1.6A	450	152.4	1.60	279.0	30.0	904	854	1.06	
247	C30-150 * 1.6B	450	152.4	1.60	279.0	30.0	890	854	1.04	
248	C30-200 * 2.0A	500	203.2	2.00	259.0	30.0	1537	1452	1.06	
249	C30-200 * 2.0B	500	203.2	2.00	259.0	30.0	1550	1452	1.07	

续表

序号	试件	H (mm)	D_o (mm)	t (mm)	σ_{sy} (MPa)	f'_c (MPa)	N_{exp} (kN)	N_{cal} (kN)	N_{exp}/N_{cal}	参考文献
250	N3-0-A	700	219.0	3.00	313.0	51.6	2647	2835	0.93	Xue 等 (2012)
251	N4-0-A	700	219.0	4.00	313.0	51.6	2896	3084	0.94	
252	N5-0-A	700	219.0	5.00	313.0	51.6	3218	3315	0.97	
253	CFST$f_{60}D_{167}t_{3.1}$	334	167.0	3.10	300.0	60.0	1873	1985	0.94	Abed 等 (2013)
254	CFST$f_{60}D_{114}t_{3.6}$	228	114.0	3.60	300.0	60.0	1095	1092	1.00	
255	CFST$f_{60}D_{114}t_{5.6}$	228	114.0	5.60	300.0	60.0	1297	1281	1.01	
256	CFST$f_{44}D_{167}t_{3.1}$	334	167.0	3.10	300.0	44.0	1710	1641	1.04	
257	CFST$f_{44}D_{114}t_{3.6}$	228	114.0	3.60	300.0	44.0	1034	930	1.11	
258	CFST$f_{44}D_{114}t_{5.6}$	228	114.0	5.60	300.0	44.0	1240	1121	1.11	
最大值									1.14	
最小值									0.88	
均值									1.02	
标准差									0.0541	
变异系数 COV									0.0530	

注：1. 试验 1～71 是从 Lu 和 Zhao（2010）的文章中摘录而来；

2. 基于文献中 100mm×200mm 混凝土圆柱体的试验，试件 17～71 的混凝土强度是用式（3.18）计算得来；

3. 基于文献中 100mm×100mm×100mm 混凝土立方体的试验，试件 99～108 和 156～174 的混凝土强度是用式（3.17）、式（3.18）计算得来；

4. 基于文献中 150mm×150mm×150mm 混凝土立方体的试验，试件 109～116、121～129、175～228、232～233 和 250～252 的混凝土强度是用式（3.17）计算得来。

FRP 卷材约束钢管混凝土柱一览表（其他学者的试验结果） 表 4.3

序号	试件	H (mm)	D_o (mm)	t (mm)	σ_{sy} (MPa)	f'_c (MPa)	t_{frp} (mm)	E_{ssE} (GPa)	σ_{ssE} (MPa)	N_{exp} (kN)	N_{cal} (kN)	N_{exp}/N_{cal}	参考文献
1	1-1.5	400	127	1.50	350.0	48.2	0.17	230.0	1265	1086	1016	1.07	顾威等 (2004)
2	1-2.5	400	129	2.50	350.0	48.2	0.17	230.0	1265	1294	1193	1.09	
3	1-3.5	400	131	3.50	310.0	48.2	0.17	230.0	1265	1348	1295	1.04	
4	1-4.5	400	133	4.50	310.0	48.2	0.17	230.0	1265	1498	1442	1.04	
5	CCFT-2L	304	152	2.95	356.0	46.6	2.80	64.9	389	1994	2152	0.93	Xiao 等 (2005)
6	CCFT-4L	304	152	2.95	356.0	46.6	5.60	64.9	389	2308	2600	0.89	
7	F1-60	330	165	2.75	385.9	46.1	0.17	80.1	1826	1721	1743	0.99	Teng 和 Hu (2006)
8	F2-60	330	165	2.75	385.9	46.1	0.34	80.1	1826	1859	1817	1.02	
9	F3-60	330	165	2.75	385.9	46.1	0.51	80.1	1826	1968	1908	1.03	

序号	试件	H (mm)	D_o (mm)	t (mm)	σ_{sy} (MPa)	f'_c (MPa)	t_{frp} (mm)	E_{ssE} (GPa)	σ_{ssE} (MPa)	N_{exp} (kN)	N_{cal} (kN)	N_{exp} /N_{cal}	参考文献
10	F1-102	400	204	2.00	226.0	42.2	0.17	80.1	1434	1993	1870	1.07	
11	F2-102	400	204	2.00	226.0	42.2	0.34	80.1	1594	2160	1974	1.09	
12	F3-102	400	204	2.00	226.0	42.2	0.51	80.1	1522	2350	2139	1.10	
13	F2-135	400	203	1.50	242.0	42.1	0.34	80.1	1290	2014	1883	1.07	Hu 等 (2011)
14	F3-135	400	203	1.50	242.0	42.1	0.51	80.1	1338	2220	2057	1.08	
15	F4-135	400	203	1.50	242.0	42.1	0.68	80.1	1434	2460	2203	1.12	
16	F2-202	400	202	1.00	231.0	35.9	0.34	80.1	1698	1749	1605	1.09	
17	F3-202	400	202	1.00	231.0	35.9	0.51	80.1	1530	1884	1772	1.06	
18	F4-202	400	202	1.00	231.0	35.9	0.68	80.1	1538	2102	1902	1.11	
最大值												1.12	
最小值												0.89	
均值												1.05	
标准差												0.0610	
变异系数 COV												0.0582	

注：1. 对于试件 Fn-102（序号 10～12），E_c 和 ε_{co} 分别为 27.9GPa 和 0.0026；

2. 对于试件 Fn-135（序号 13～15），E_c 和 ε_{co} 分别为 28.8GPa 和 0.0026；

3. 对于试件 Fn-202（序号 16～18），E_c 和 ε_{co} 分别为 26.7GPa 和 0.0025；

基于文献中 150mm×150mm×150mm 混凝土立方体的试验，试件 7～9 的混凝土强度是用式（3.17）计算得来。

4.2.2 模型验证

为了验证本书提出的本构模型的准确性，本章在试验结果和模型模拟结果之间进行了对比。其中，试验最大承载力 N_{exp} 和模拟极限承载力 N_{cal} 在表 2.8 和表 2.10 进行了对比；而其他学者的研究结果则在表 4.2 和表 4.3 中进行了对比。需要注意的是，Uy 等（2011）所测试的试件定义 N_{exp} 为在纵向应变不大于 1.0% 时的最大试验承载力。从上述表中可以看出，模型与试验的结果非常吻合。对于本书的无约束钢管混凝土试件试验，N_{exp} 与 N_{cal} 的比值在 0.93～1.03 之间，均值为 0.98。对于所有的试件，标准偏差为 0.0322，变异系数（COV）为 0.0329（表 2.8）。对比其他学者关于无约束钢管混凝土试件的试验结果，从表 4.2 中可以发现绝大多数（235/258）试验及模拟结果偏差不超过 10%。本书模型不单单适用于热轧碳钢管约束混凝土试件，还适用于冷弯型钢和不锈钢管约束混凝土试件。这是因为对于冷弯型钢，根据 Sakino 等（2004）的研究成果，发现理想弹性-塑性模型仍然适用。尽管不锈钢管的纵向应力-应变曲线呈现出"圆形"（Quach 等，2008），但在纵向应变不大于 1.5% 时，可以从 Uy 等（2011）文献得知，理想弹性-塑性的应力-应变曲线仍然适用。所以，本书模型也适用于其他种类钢管约束混凝土试件。此外，从表 2.8、表 2.10 和表 4.3 可以看出，对于外加约束钢管混凝土试件，本书模型也能做出较为精准的预测。

图 4.15～图 4.36 展示了部分试件的钢管纵向应力-应变曲线、环向应力-纵向应变

曲线，混凝土的总约束应力-纵向应变曲线、纵向应力-应变曲线，钢管混凝土试件的环向-纵向应变曲线以及纵向荷载-应变曲线。另外，夹套约束钢管混凝土试件的对比见图2.68～图2.71，可以看出，所提出的模型的预测与试验结果非常吻合。图4.19和图4.20表明了本书模型能精准预测出钢管混凝土试件初始约束应力为负值的现象。图4.25～图4.27证明了该模型不仅能精准预测钢管普通强度混凝土试件的纵向荷载-应变关系，也适用于钢管高强混凝土和钢管超高强混凝土（$f_c' \geqslant 120 \mathrm{MPa}$）试件。可以在图中清楚看到，本书模型能较为精准地模拟曲线的屈服点和最高点的位置以及下降段的曲线。如图4.26、图4.27所示，当试件混凝土强度大于80MPa时，模型也能很好地捕捉试件强度衰退阶段，即下降段的曲线。而对于试件 CN0-8-168-120 和 CN0-4-139-120，模型与试验结果在纵向应变超过0.006时出现了偏差，这是因为此时钢管出现向外局部屈曲，导致总约束应力减小，从而影响了试件的强度与延性。同样的现象还可以从试件 F0-102 和 F0-135 观测到（图4.38），这两个试件在纵向应变达到0.008时也出现了较为明显的向外局部屈曲变形（Hu 等，2011）。

在本书模型中，约束混凝土的环向应变方程是最为关键的一环。所以，为了进一步验证本书模型的准确性，图4.37～图4.41绘制了在每0.001的纵向应变下，试验环向应变和模型预估的环向应变之间的关系。试验环向应变和模型预估的环向应变吻合得较好，图上的数据点非常接近 $y = x$ 的直线（R^2 从0.879～0.969）。然而，从图4.41中也可以观察到，对于某些试件如 CJ120-1-114-80_R，试验值和预估值的偏差比较大，而随着纵向应变的增加，差距更大。这是因为试件在纵向应变约为0.004阶段就开始出现在中部的向外屈曲变形，而本书模型并没有考虑。实际上，类似的现象也发生在了试件 CN0-1-114-80 中，只不过该试件在纵向应变约为0.008时便失效，导致无法测量后续的曲线，所以在图中的影响没有 CJ120-1-114-80_R 的大。另外，可以明显观测到试件 CJ120-1-114-30_R（$f_c' = 30 \mathrm{MPa}$）、CJ120-1-114-80（夹套在加载之前安装）、CJ60-1-114-80_R（夹套间距较小）的钢管屈曲变形时的纵向应变较 CJ120-1-114-80_R 的大。这是因为：（1）混凝土强度越高，脆性越大，当混凝土裂纹出现时，高强混凝土的侧向膨胀更快，越容易引起钢管的局部屈曲；（2）在加载之前安装夹套没有应力滞后效应，相对来说，夹套的强化效应会更强；（3）夹套的间距越小，可提供的约束应力越大且越均匀，可以有效延缓钢管的局部屈曲失效。对于试验结果比预测值较小的试件，可能是因为发生了端部屈曲变形。其他造成偏差的可能原因包括材料的强度、几何特性或者测量的误差等。考虑到数据库参数的全面以及广泛性，这种偏差是可以接受的。因此，本书模型能精准地预测约束混凝土的环向-纵向应变关系。

在 Johansson（2002）和 Teng 等（2013）的研究中，他们假设钢管和混凝土之间的界面是完好的。有学者的研究指出，当钢管混凝土的壁厚很薄时，二者容易产生界面脱粘，这会影响钢管混凝土试件的力学性能。尤其当钢管的壁厚很薄时（O'Shea 和 Bridge，1998）。在上述提出的模型中，当 $-f_r < f_b$ 时，二者之间的界面保持完整；而当 $-f_r > f_b$ 时，界面脱粘。模型已经综合考虑了二者之间的脱粘效应，用表4.2第89号试件 S10CS10A 来举个例子，将其考虑和不考虑脱粘效应的 $f_r - \varepsilon_z$ 曲线绘制在图4.42中。从图中可以发现，当考虑脱粘效应时，总约束应力 f_r 仅为不考虑脱粘效应的58.1%。所以，在模拟超薄壁钢管高强混凝土试件时，需要考虑试件的脱粘效应。

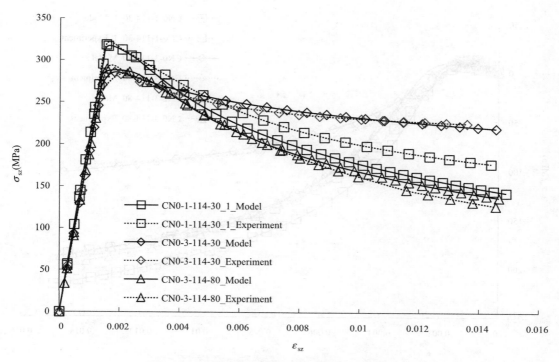

图 4.15　钢管的纵向应力-应变曲线（无约束试件）

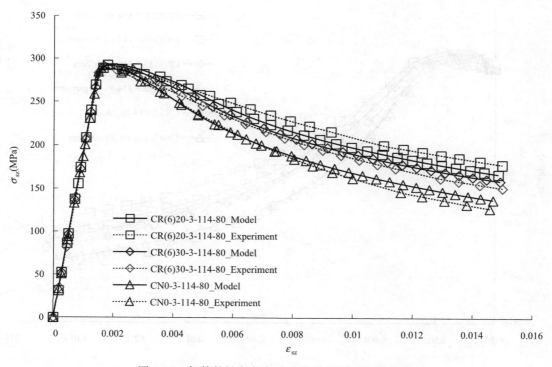

图 4.16　钢管的纵向应力-应变曲线（外加约束试件）

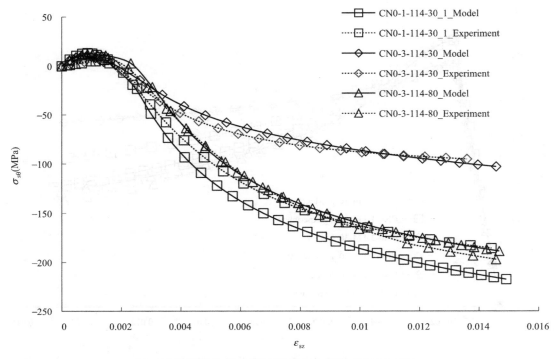

图 4.17　钢管的环向应力-纵向应变曲线（无约束试件）

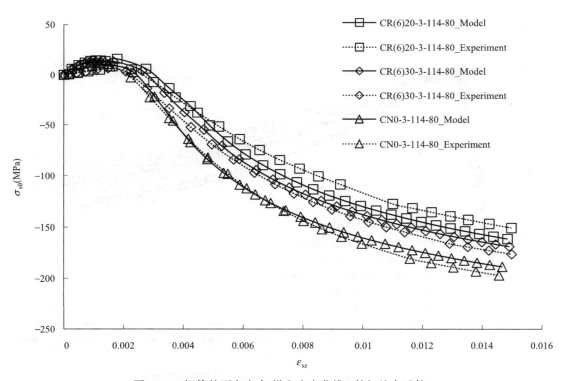

图 4.18　钢管的环向应力-纵向应变曲线（外加约束试件）

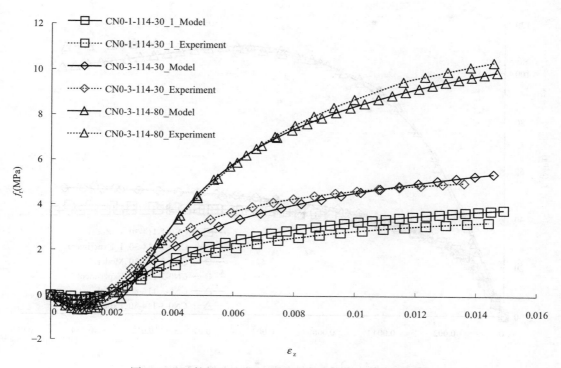

图 4.19 试件的总约束应力-纵向应变曲线（无约束试件）

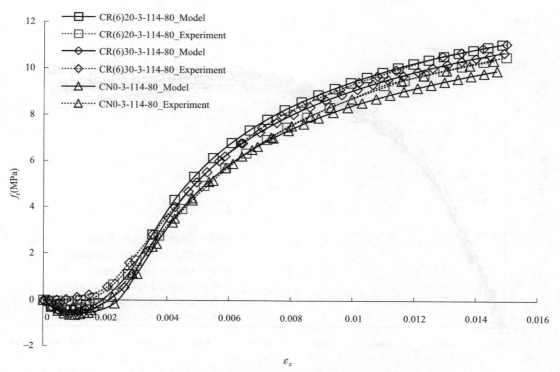

图 4.20 试件的总约束应力-纵向应变曲线（外加约束试件）

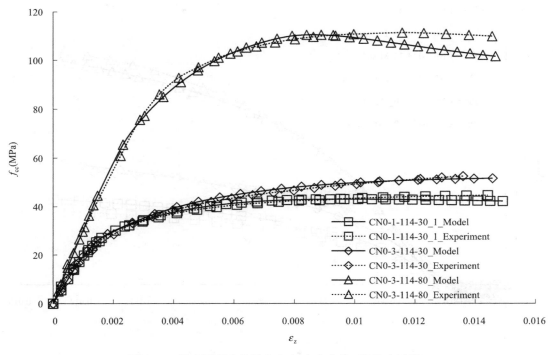

图 4.21 约束混凝土的纵向应力-应变曲线（无约束试件）

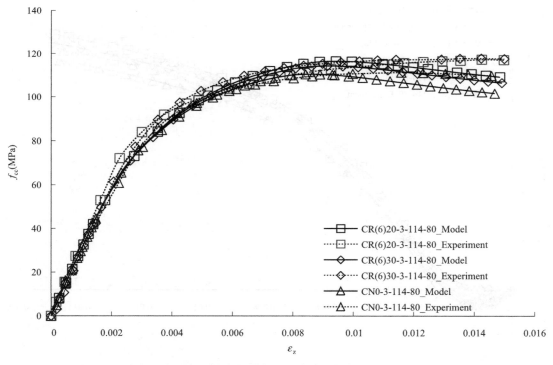

图 4.22 约束混凝土的纵向应力-应变曲线（外加约束试件）

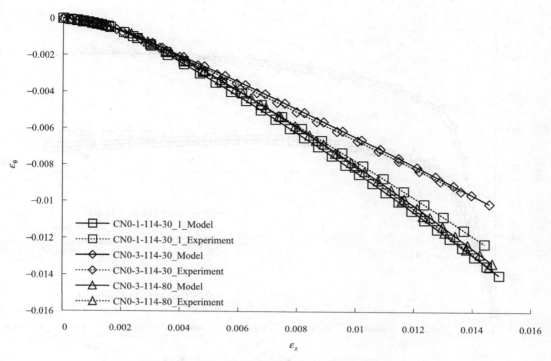

图 4.23 试件的环-纵向应变曲线（无约束试件）

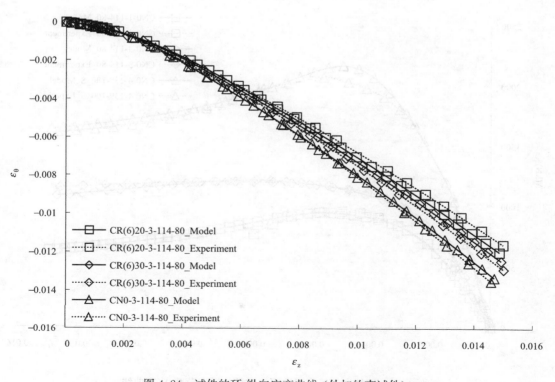

图 4.24 试件的环-纵向应变曲线（外加约束试件）

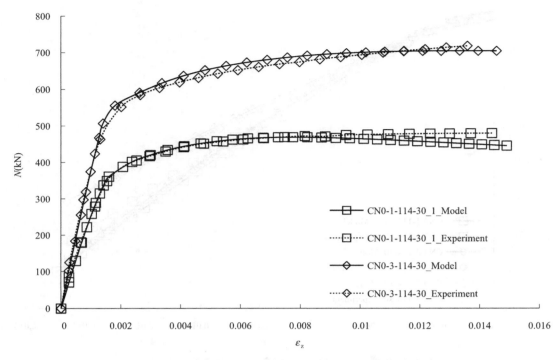

图 4.25　无约束钢管普通强度混凝土试件的纵向荷载-应变曲线

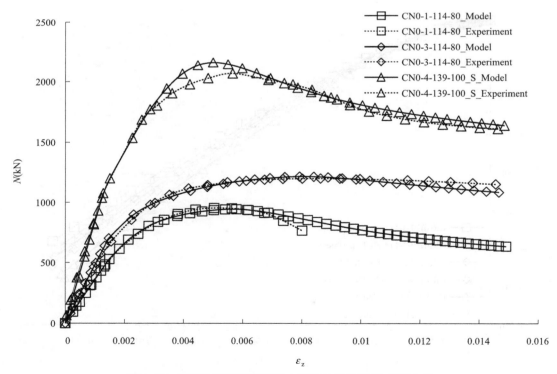

图 4.26　无约束钢管高强混凝土试件的纵向荷载-应变曲线

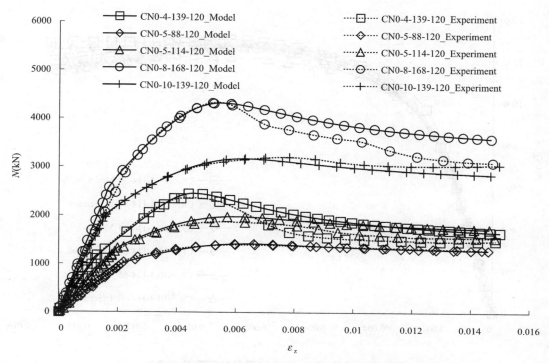

图 4.27　无约束钢管超高强混凝土试件的纵向荷载-应变曲线

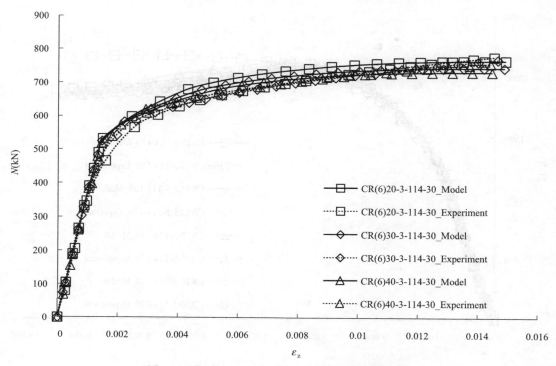

图 4.28　试件 CRn-3-114-30 的纵向荷载-应变曲线

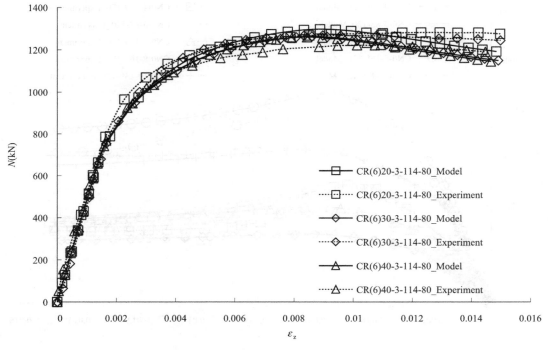

图 4.29　试件 CRn-3-114-80 的纵向荷载-应变曲线

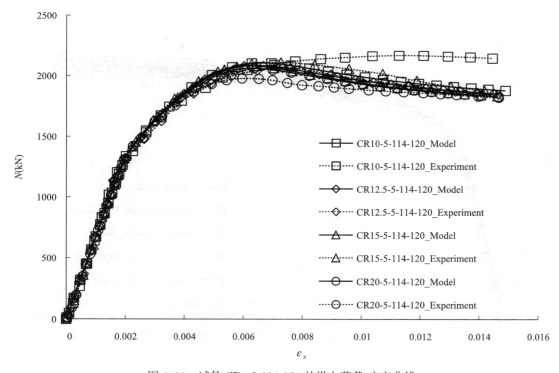

图 4.30　试件 CRn-5-114-120 的纵向荷载-应变曲线

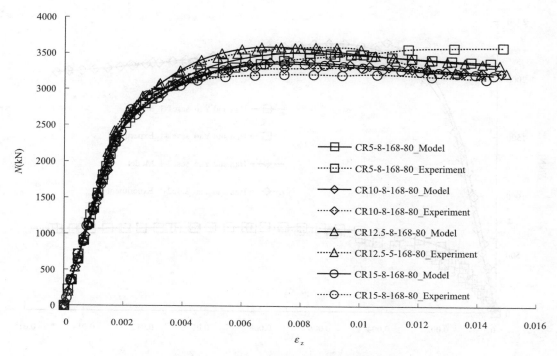

图 4.31　试件 CRn-8-168-80 的纵向荷载-应变曲线

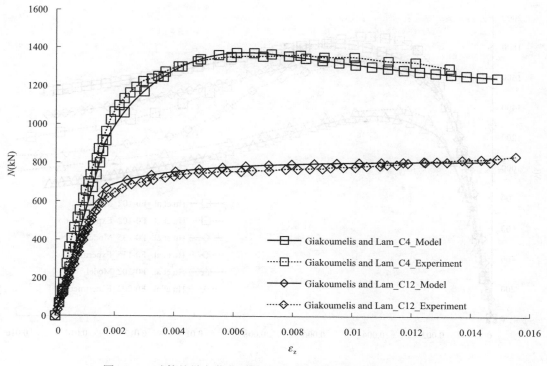

图 4.32　试件的纵向荷载-应变曲线（Giakoumelis 和 Lam，2004）

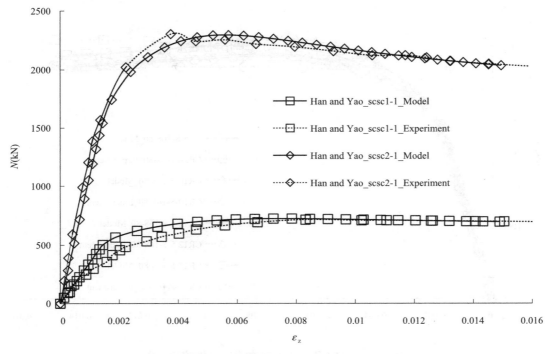

图 4.33　试件的纵向荷载-应变曲线（Han 和 Yao，2004）

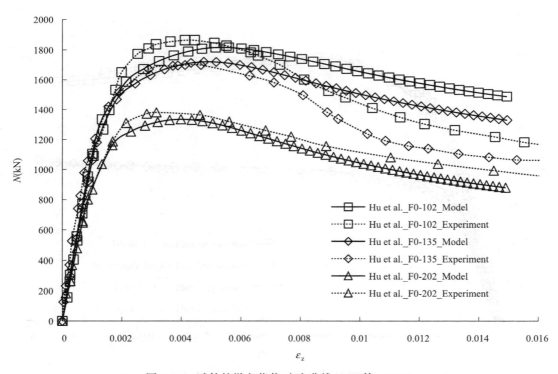

图 4.34　试件的纵向荷载-应变曲线（Hu 等，2011）

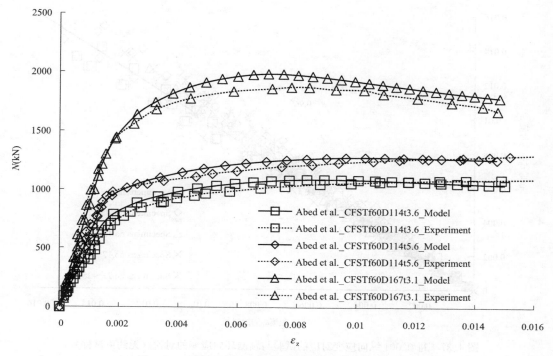

图 4.35　试件的纵向荷载-应变曲线（Abed 等，2013）

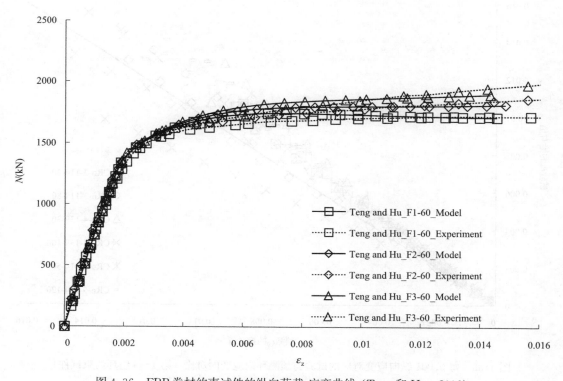

图 4.36　FRP 卷材约束试件的纵向荷载-应变曲线（Teng 和 Hu，2006）

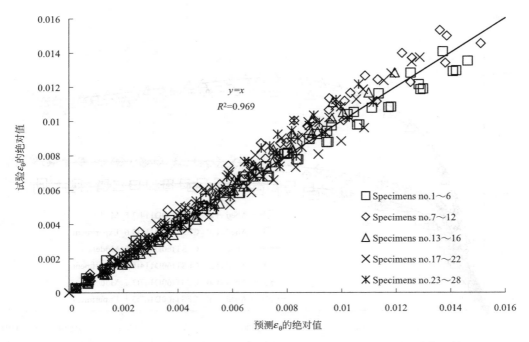

图 4.37 每 0.001 纵向应变对应的试验与预测环向应变的对比（无约束试件）

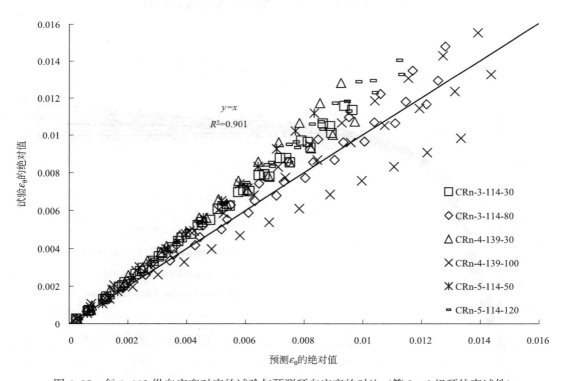

图 4.38 每 0.001 纵向应变对应的试验与预测环向应变的对比（第 1～6 组环约束试件）

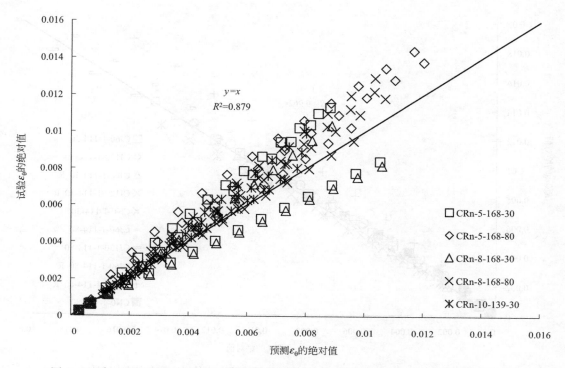

图 4.39　每 0.001 纵向应变对应的试验与预测环向应变的对比（第 7～11 组环约束试件）

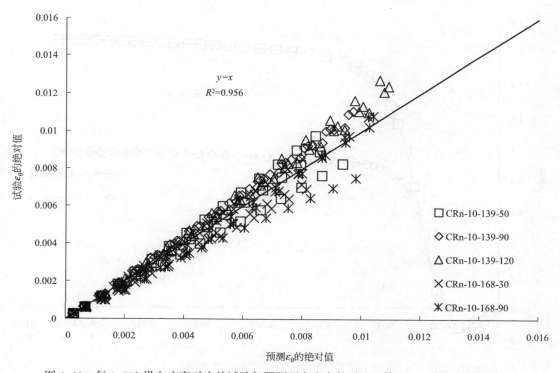

图 4.40　每 0.001 纵向应变对应的试验与预测环向应变的对比（第 12～16 组环约束试件）

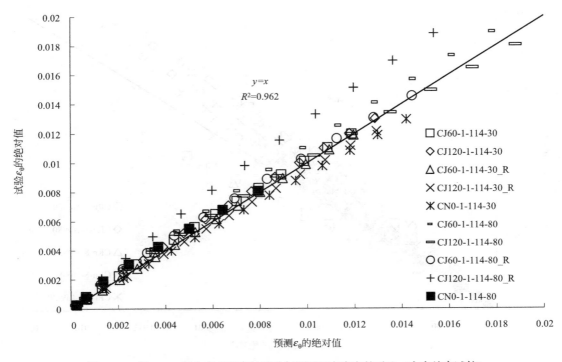

图 4.41　每 0.001 纵向应变对应的试验与预测环向应变的对比（夹套约束试件）

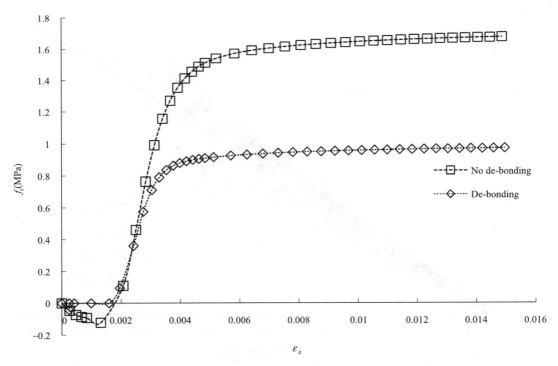

图 4.42　试件 S10CS10A 的总约束应力-纵向应变关系（考虑和不考虑脱粘效应的对比）

4.2.3　FRP 卷材约束混凝土

尽管提出的约束混凝土本构模型只基于钢管混凝土的试验结果，但从式(4.3)～式(4.12)可以看出，模型中最重要的环向应变方程仅与纵向应变、约束应力和混凝土强度有关而与约束材料无关。所以，除了钢管混凝土试件之外，这个关系式理应适用于所有的约束混凝土，包括 FRP 卷材约束混凝土（Jiang 和 Teng，2007；Ozbakkaloglu 等，2013）。为了验证所提出模型的适用性，本书额外引入了一个关于FRP 卷材约束混凝土的数据库，一共涵盖 82 个试验结果（Shahawy 等，2000；Xiao和 Wu，2000；Lam 和 Teng，2004；Lam 等，2006；Jiang 和 Teng，2007；Teng等，2007b；Xiao 等，2010；Vincent 和 Ozbakkaloglu，2013）。数据库中，所有试件的直径和高度分别是 152mm 和 305mm。素混凝土的 E_c、f_c' 和 ε_{co}，FRP 卷材的弹性模量 E_{frp}，厚度 t_{frp} 和断裂应变如表 4.4 所示。可以看到，这个数据库也涵盖了范围较为广泛的参数：f_c' 从 19.4～111.6MPa；f_r 从 f_c' 的 0.1～2.6 倍；约束材料包括玻璃纤维增强复合材料以及碳纤维增强复合材料。

FRP 卷材约束混凝土一览表（其他学者的试验结果）　　　　表 4.4

序号	试件	f_c'(MPa)	ε_{co}	t_{frp}(mm)	E_{frp}(GPa)	ε_{rup}	E_c(GPa)	参考文献
1	19.4-1	19.4	0.002000	0.36	82.7	0.02750	20.4	Shahawy 等，2000
2	19.4-2	19.4	0.002000	0.665	82.7	0.02750	20.4	
3	19.4-3	19.4	0.002000	0.9975	82.7	0.02750	20.4	
4	19.4-4	19.4	0.002000	1.33	82.7	0.02750	20.4	
5	19.4-5	19.4	0.002000	1.6625	82.7	0.02750	20.4	
6	L-1	33.7	0.002112	0.381	105	0.01500	27.2	Xiao 和 Wu，2000
7	L-2	33.7	0.002112	0.762	105	0.01500	27.2	
8	L-3	33.7	0.002112	1.143	105	0.01500	27.2	
9	M-1	43.8	0.002243	0.381	105	0.01500	31.2	
10	M-2	43.8	0.002243	0.762	105	0.01500	31.2	
11	M-3	43.8	0.002243	1.143	105	0.01500	31.2	
12	H-1	55.2	0.002366	0.381	105	0.01500	35.2	
13	H-2	55.2	0.002366	0.762	105	0.01500	35.2	
14	H-3	55.2	0.002366	1.143	105	0.01500	35.2	
15	C1-1	35.9	0.002030	0.165	250.5	0.01147	28.0	Lam 和 Teng，2004
16	C1-2	35.9	0.002030	0.165	250.5	0.00969	28.0	
17	C1-3	35.9	0.002030	0.165	250.5	0.00981	28.0	
18	C2-1	35.9	0.002030	0.33	250.5	0.00988	28.0	
19	C2-2	35.9	0.002030	0.33	250.5	0.01001	28.0	
20	C2-3	35.9	0.002030	0.33	250.5	0.00949	28.0	
21	C3-1	34.3	0.001880	0.495	250.5	0.00799	29.8	
22	C3-2	34.3	0.001880	0.495	250.5	0.00884	29.8	
23	C3-3	34.3	0.001880	0.495	250.5	0.00968	29.8	
24	G1-1	38.5	0.002230	1.27	21.8	0.01849	32.3	
25	G1-2	38.5	0.002230	1.27	21.8	0.01442	32.3	
26	G1-3	38.5	0.002230	1.27	21.8	0.01885	32.3	
27	G2-1	38.5	0.002230	2.54	21.8	0.01762	32.3	
28	G2-2	38.5	0.002230	2.54	21.8	0.01674	32.3	
29	G2-3	38.5	0.002230	2.54	21.8	0.01772	32.3	

序号	试件	f_c'(MPa)	ε_{co}	t_{frp}(mm)	E_{frp}(GPa)	ε_{rup}	E_c(GPa)	参考文献
30	CI-M1	41.1	0.002560	0.165	250	0.00810	30.2	
31	CI-M2	41.1	0.002560	0.165	250	0.01080	30.2	Lam 等,
32	CI-M3	41.1	0.002560	0.165	250	0.01070	30.2	2006
33	CII-M1	38.9	0.002500	0.33	247	0.01060	29.3	
34	CII-M2	38.9	0.002500	0.33	247	0.01130	29.3	
35	CII-M3	38.9	0.002500	0.33	247	0.00790	29.3	
36	26	33.1	0.003090	0.17	80.1	0.02080	27.0	
37	27	33.1	0.003090	0.17	80.1	0.01758	27.0	
38	28	45.9	0.002430	0.17	80.1	0.01523	32.0	
39	29	45.9	0.002430	0.17	80.1	0.01915	32.0	
40	30	45.9	0.002430	0.34	80.1	0.01639	32.0	
41	31	45.9	0.002430	0.34	80.1	0.01799	32.0	
42	32	45.9	0.002430	0.51	80.1	0.01594	32.0	
43	33	45.9	0.002430	0.51	80.1	0.01940	32.0	
44	34	38.0	0.002170	0.68	240.7	0.00977	29.0	
45	35	38.0	0.002170	0.68	240.7	0.00965	29.0	
46	36	38.0	0.002170	1.02	240.7	0.00892	29.0	
47	37	38.0	0.002170	1.02	240.7	0.00927	29.0	Jiang 和
48	38	38.0	0.002170	1.36	240.7	0.00872	29.0	Teng,2007
49	39	38.0	0.002170	1.36	240.7	0.00877	29.0	
50	40	37.7	0.002750	0.11	260	0.00935	28.9	
51	41	37.7	0.002750	0.11	260	0.01092	28.9	
52	42	44.2	0.002600	0.11	260	0.00734	31.3	
53	43	44.2	0.002600	0.11	260	0.00969	31.3	
54	44	44.2	0.002600	0.22	260	0.01184	31.3	
55	45	44.2	0.002600	0.22	260	0.00938	31.3	
56	46	47.6	0.002790	0.33	250.5	0.00902	32.6	
57	47	47.6	0.002790	0.33	250.5	0.01130	32.6	
58	48	47.6	0.002790	0.33	250.5	0.01064	32.6	
59	FCC1A	39.6	0.002630	0.17	80.1	0.01869	30.2	
60	FCC1B	39.6	0.002630	0.17	80.1	0.01609	30.2	
61	FCC2A	39.6	0.002630	0.34	80.1	0.02040	30.2	Teng 等,
62	FCC2B	39.6	0.002630	0.34	80.1	0.02061	30.2	2007b
63	FCC3A	39.6	0.002630	0.51	80.1	0.01955	30.2	
64	FCC3B	39.6	0.002630	0.51	80.1	0.01667	30.2	
65	B1-1ply_a	70.8	0.003200	0.34	237.8	0.01100	39.9	
66	B1-1ply_b	70.8	0.003200	0.34	237.8	0.01210	39.9	
67	B1-3ply_a	70.8	0.003200	1.02	237.8	0.01000	39.9	
68	B1-3ply_b	70.8	0.003200	1.02	237.8	0.00900	39.9	
69	B1-5ply_a	70.8	0.003200	1.7	237.8	0.00670	39.9	
70	B1-5ply_b	70.8	0.003200	1.7	237.8	0.00520	39.9	Xiao 等,
71	B2-2ply_a	111.6	0.003400	0.68	237.8	0.00570	46.4	2010
72	B2-2ply_b	111.6	0.003400	0.68	237.8	0.00580	46.4	
73	B2-3ply_a	111.6	0.003400	1.02	237.8	0.00520	46.4	
74	B2-3ply_b	111.6	0.003400	1.02	237.8	0.00600	46.4	
75	B2-5ply_a	111.6	0.003400	1.7	237.8	0.00560	46.4	
76	B2-5ply_b	111.6	0.003400	1.7	237.8	0.00570	46.4	

序号	试件	f_c'(MPa)	ε_{co}	t_{frp}(mm)	E_{frp}(GPa)	ε_{rup}	E_c(GPa)	参考文献
77	N-WE-90-1	47.4	0.002400	0.6	116	0.02540	32.5	
78	N-WE-90-2	47.4	0.002400	0.6	116	0.02100	32.5	Vincent 和
79	N-WE-90-3	47.4	0.002400	0.6	116	0.02080	32.5	Ozbakkaloglu,
80	N-W-90-1	47.4	0.002400	0.6	116	0.02180	32.5	2013
81	N-W-90-2	47.4	0.002400	0.6	116	0.02120	32.5	
82	N-W-90-3	47.4	0.002400	0.6	116	0.02220	32.5	

部分 FRP 卷材约束混凝土的应力-应变曲线如图 4.43~图 4.65 所示,对于 FRP 卷材厚度不同的试件,初始弹性阶段的纵向应力-应变曲线相差不大。这是因为 FRP 卷材仅能提供被动约束应力,当纵向应变较小时,混凝土的环向应变基本相同(混凝土的泊松比为 0.16~0.2)且较小,故 FRP 卷材只能提供有限的约束应力,对混凝土的纵向应力-应变曲线影响不大。然而,随着纵向应变的增加,混凝土的微裂缝开始形成并不断发展,致使环向变形急剧增大,故在此时,FRP 卷材提供的约束应力也急剧增加。越厚的卷材能提供越大的约束应力,故且对混凝土的影响越来越显著。多数学者将 FRP 卷材的约束刚度(定义为 $E_{frp}t_{frp}/R$)作为影响混凝土纵向应力-应变的重要参数。约束刚度越大,混凝土非弹性段的斜率越大,见图 4.43 和图 4.44。而当约束刚度变小时,在非弹性段,混凝土的纵向应力会随着应变的增大而减小,见图 4.61 中的试件 FCC1A 和 FCC1B。从上述分析中可以看到 FRP 卷材约束混凝土与钢管混凝土试件的纵向荷载(应力)-应变曲线非常类似。所以,从钢管混凝土试件推导出来的环向应变方程应该可以用来预测 FRP 卷材约束混凝土的应力-应变关系:

① 对于环向应变模型,因混凝土被 FRP 完全约束,类似 LS_1 的情况,故使用式(4.3)时,$LS = 0.6650$。

② 采用与钢管混凝土试件相同的主动约束混凝土模型,即沿用式(4.10)~式(4.12)。

③ 假设混凝土和 FRP 卷材之间的界面是完整的,故:

$$\varepsilon_{c\theta} = \varepsilon_{frp\theta} = \varepsilon_\theta \tag{4.21}$$

式中,$\varepsilon_{frp\theta}$ 表示 FRP 卷材环向应变。

④ 总约束应力 f_r 可以采用下式计算:

$$f_r = -\frac{t_{frp}}{R_c}E_{frp}\varepsilon_{frp\theta} \tag{4.22}$$

式中,R_c 是约束混凝土的内径,而 $\varepsilon_{frp\theta} < \varepsilon_{rup}$。

为了避免迭代的繁杂过程,首先给环向应变 ε_θ 赋初值,然后可以通过式(4.22)计算出 f_r。运用式(4.3),可以求得 ε_z。最后,根据式(4.10)~式(4.12)确定 f_{cc},便可以得到 FRP 卷材约束混凝土纵向应力-应变曲线以及纵向应力-环向应变曲线上的一点。不断重复上述步骤直至 FRP 卷材达到断裂应变为止,从而获得完整的曲线。图 4.43~图 4.65 展示了在表 4.4 上所有试件的试验纵(环)向应力-纵向应变曲线与模拟曲线的对比。从图中可以看到,所提出的模型能较好地模拟大多数试件的应力应变曲线,也能非常精准地预测屈服点以及极限点的应力应变和非弹性阶段的变化趋势。所以,本书所提出的模型可以说是关于不同材料约束混凝土的万能模型。

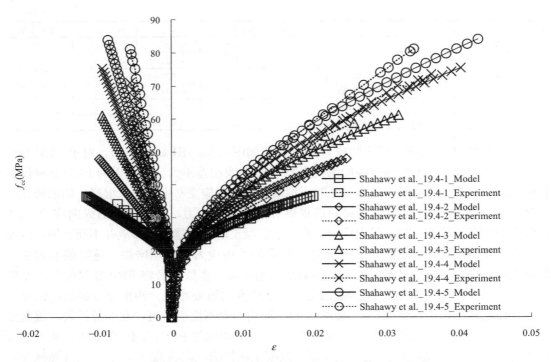

图 4.43 FRP 卷材约束混凝土的应力-应变曲线（Shahawy 等，2000）

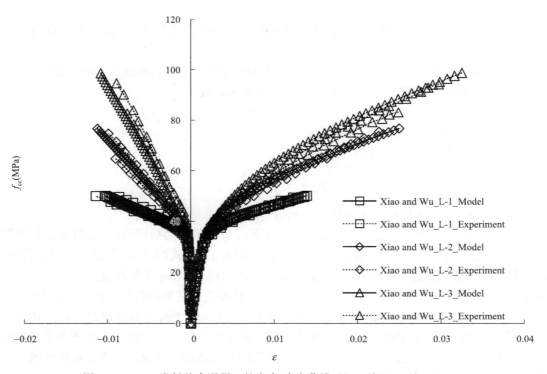

图 4.44 FRP 卷材约束混凝土的应力-应变曲线（Xiao 和 Wu，2000）_L

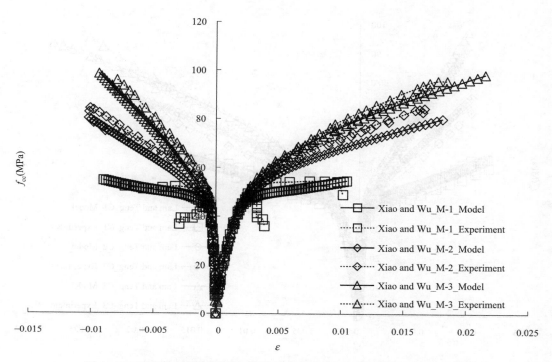

图 4.45　FRP 卷材约束混凝土的应力-应变曲线（Xiao 和 Wu，2000）_ M

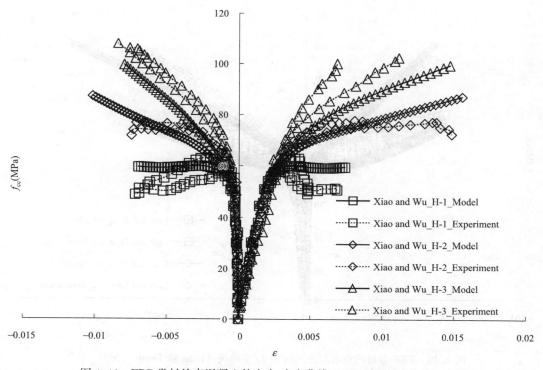

图 4.46　FRP 卷材约束混凝土的应力-应变曲线（Xiao 和 Wu，2000）_ H

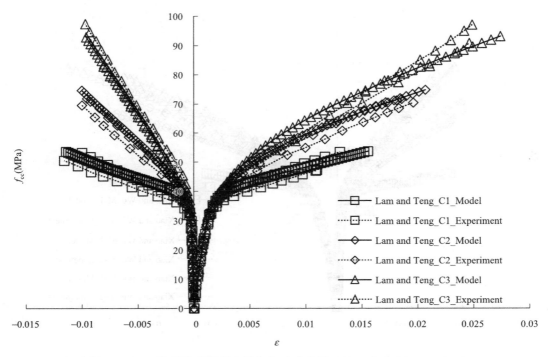

图 4.47　FRP 卷材约束混凝土的应力-应变曲线（Lam 和 Teng，2004）_ C

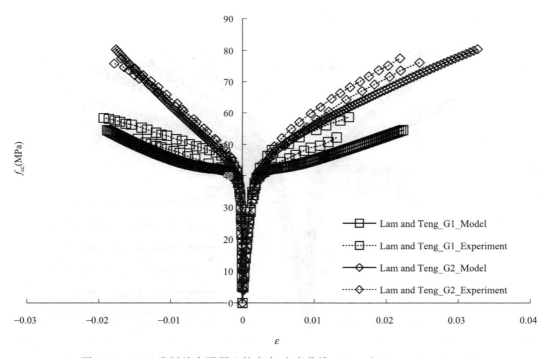

图 4.48　FRP 卷材约束混凝土的应力-应变曲线（Lam 和 Teng，2004）_ G

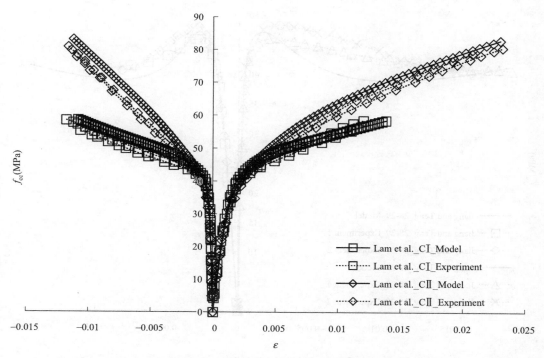

图 4.49　FRP 卷材约束混凝土的应力-应变曲线（Lam 等，2006）

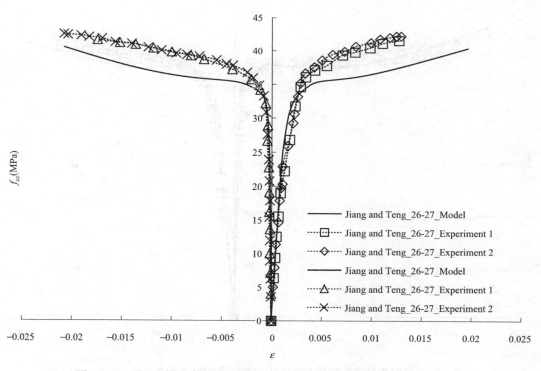

图 4.50　FRP 卷材约束混凝土的应力-应变曲线（Jiang 和 Teng，2007）_1

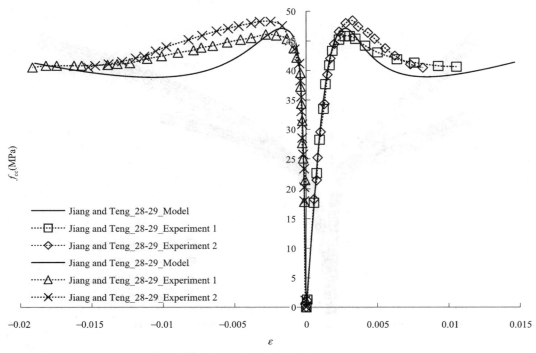

图 4.51　FRP 卷材约束混凝土的应力-应变曲线（Jiang 和 Teng，2007）_ 2

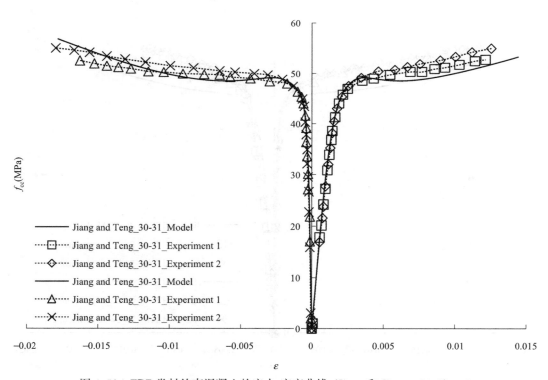

图 4.52　FRP 卷材约束混凝土的应力-应变曲线（Jiang 和 Teng，2007）_ 3

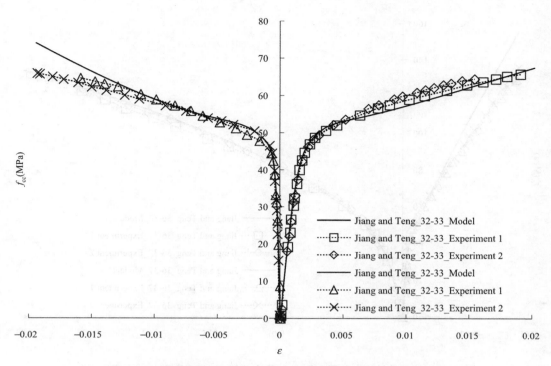

图 4.53 FRP 卷材约束混凝土的应力-应变曲线（Jiang 和 Teng，2007）_4

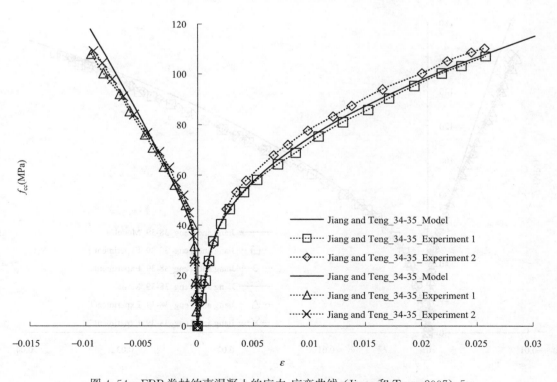

图 4.54 FRP 卷材约束混凝土的应力-应变曲线（Jiang 和 Teng，2007）_5

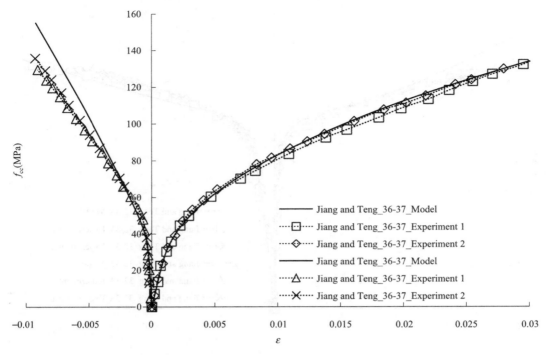

图 4.55　FRP 卷材约束混凝土的应力-应变曲线（Jiang 和 Teng，2007）_ 6

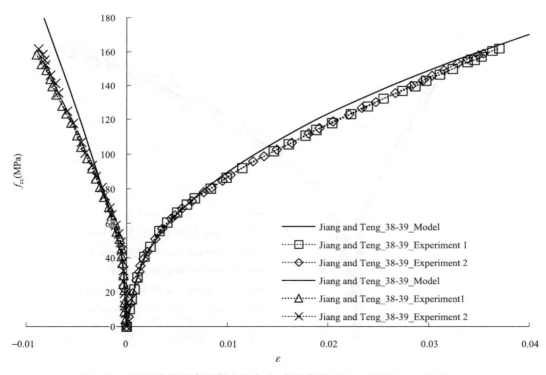

图 4.56　FRP 卷材约束混凝土的应力-应变曲线（Jiang 和 Teng，2007）_ 7

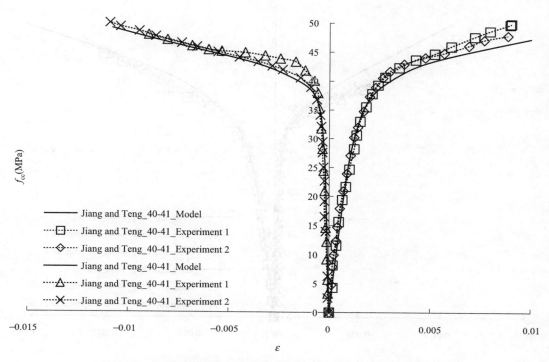

图 4.57 FRP 卷材约束混凝土的应力-应变曲线 （Jiang 和 Teng，2007）_8

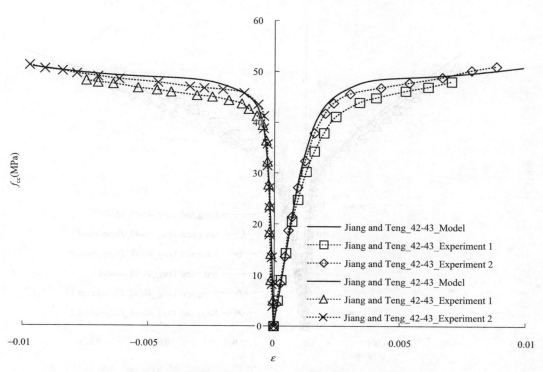

图 4.58 FRP 卷材约束混凝土的应力-应变曲线 （Jiang 和 Teng，2007）_9

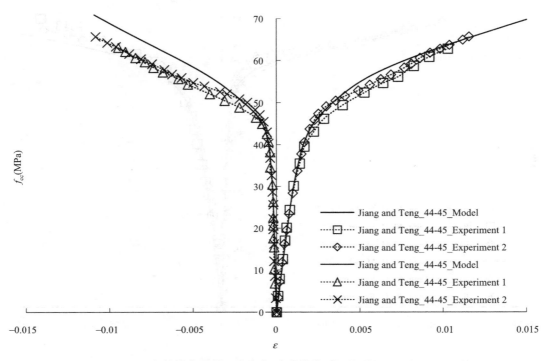

图 4.59 FRP 卷材约束混凝土的应力-应变曲线（Jiang 和 Teng，2007）_ 10

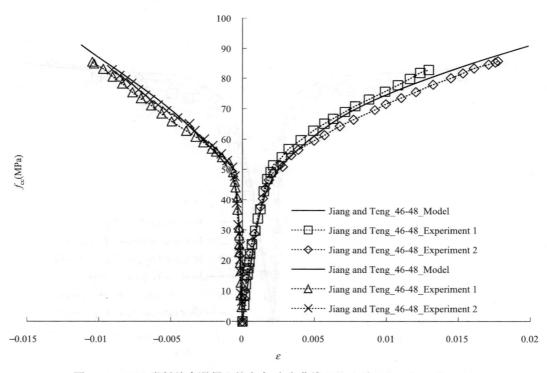

图 4.60 FRP 卷材约束混凝土的应力-应变曲线（Jiang 和 Teng，2007）_ 11

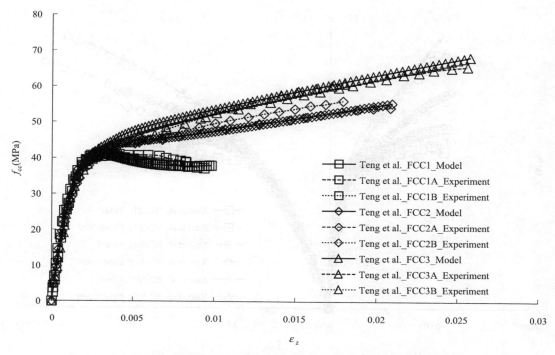

图 4.61　FRP 卷材约束混凝土的应力-应变曲线（Teng 等，2007b）

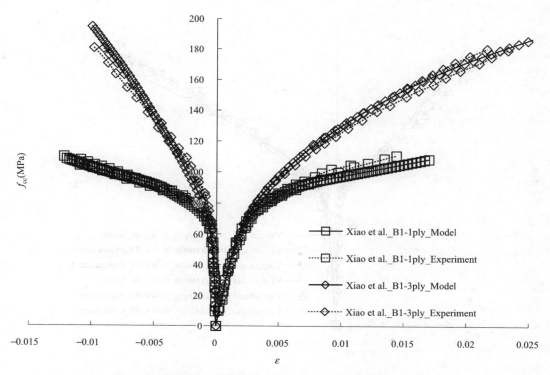

图 4.62　FRP 卷材约束混凝土的应力-应变曲线（Xiao 等，2010）＿B1

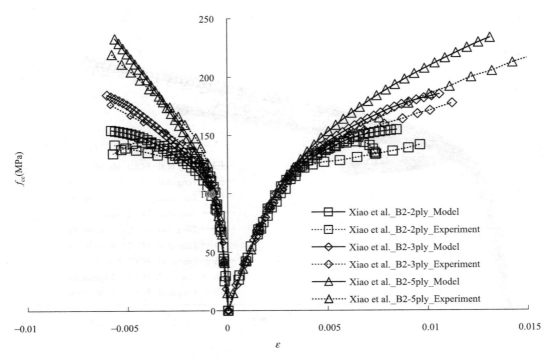

图 4.63　FRP 卷材约束混凝土的应力-应变曲线（Xiao 等，2010）_ B2

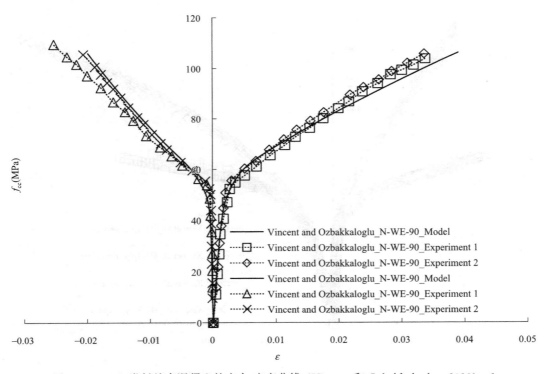

图 4.64　FRP 卷材约束混凝土的应力-应变曲线（Vincent 和 Ozbakkaloglu，2013）_ 1

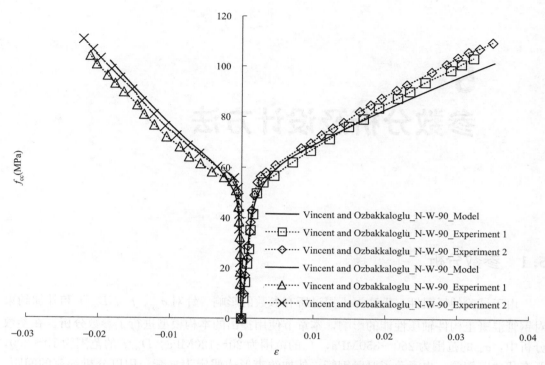

图 4.65　FRP 卷材约束混凝土的应力-应变曲线（Vincent 和 Ozbakkaloglu，2013）_2

4.3　结论

　　基于试验结果，本书提出了一个新的理论模型用以模拟钢管混凝土试件的全过程荷载-应变曲线，分为 4 个部分：（1）一个全新的精准的约束混凝土环向应变方程，该方程能综合考虑纵向应变，约束应力以及混凝土强度对环向应变的影响；（2）修正后的 Attard 和 Setunge（1996）主动约束混凝土模型；（3）精准的钢管三向本构模型；（4）核心混凝土、钢管以及外加约束的相互作用模型。为了验证所提出模型的准确性，本书还综合了几十篇文献，组建了一个涵盖 381 个试验结果的超大型数据库，通过对比发现，所提出的模型能很好地模拟出钢管混凝土试件的纵向荷载-应变关系曲线。值得注意的是，本书模型不单单适用于热轧碳钢管约束混凝土试件，还适用于冷弯型钢和不锈钢管约束混凝土试件；不单单适用于钢管普通强度混凝土试件，而且还适用于高强混凝土和超高强混凝土试件；不单单适用于一般的约束试件，还适用于在不卸载加固情况下的外加约束钢管混凝土试件。最后，本书又组建了一个涵盖 82 个 FRP 卷材约束混凝土的试验数据库来验证所提出的约束混凝土环向应变方程的准确性。结果证明，本书所提出的模型是一个关于不同材料约束混凝土的万能模型。本章的相关内容可参考 Lai 和 Ho（2016b）。

5
参数分析及设计方法

5.1 参数分析

由于试验的局限性，无法深入探讨所有参数的影响。针对 σ_{sy}、f_c'、D_o/t 和外加约束对钢管混凝土构件轴压性能的影响，本章节使用提出的本构模型进行了参数分析。在参数分析中，σ_{sy} 的范围为 $250\sim850$MPa，f_c' 的范围为 $20\sim120$MPa。D_o/t 的范围为 $10\sim200$，既有超薄壁钢管，也涵盖了厚壁钢管。外加约束形式假定为夹套，用以分析约束的间距、截面面积以及屈服强度对钢管混凝土构件的影响。试件的高度 H 假定为 D_o 的 3 倍，即不需考虑试件的整体屈曲效应和端部摩擦约束效应。钢管和外加约束的刚度假定都为 200GPa。

为了方便辨认每一个试件，本章节中建立了一个全新的命名系统，对于无约束试件，包含 2 个字母和 4 个常数（单位皆为 mm 或者 MPa）。例如：CN-30-250-300-4 表示的是钢管混凝土（C）无约束（N）试件，混凝土强度为 30MPa（第一个数字，30）；钢管屈服应力为 250MPa（第二个数字，250）；钢管外径和厚度分别为 300mm（第三个数字，300）和 4 mm（第四个数字，4）。对于外加约束试件，CJ（30-2*12-250）-30-250-300-4 代表的是夹套约束试件（J）。在括号里数字分别是夹套的数量（30）、厚度（2）、宽度（12）和屈服强度（250）。

图 5.1 中展示了典型 N/N_{exp}-ε_z 曲线，从图中可以看出，根据曲线的基本形状与约束等级，N/N_{exp}-ε_z 曲线可以分为三大类。

（1）种类 I：强约束效应

随着纵向应变的增加，纵向荷载（承载力）持续增加或者没有明显下降。种类 I 的曲线可以细分为两小类：①随着纵向应变的增加，承载力持续增加（试件 CN-30-250-300-12）；②随着纵向应变的增加，在达到首峰荷载后，承载力略有下降（最终承载力大于峰值的 98%）（试件 CN-30-250-300-10）。图 5.2 呈现的是试件 CN-30-250-300-10 全周期 N/N_{exp}-ε_z 曲线，可以看出，当纵向应变超过一定程度，随着纵向应变的增加，试件的承载力不降反升。

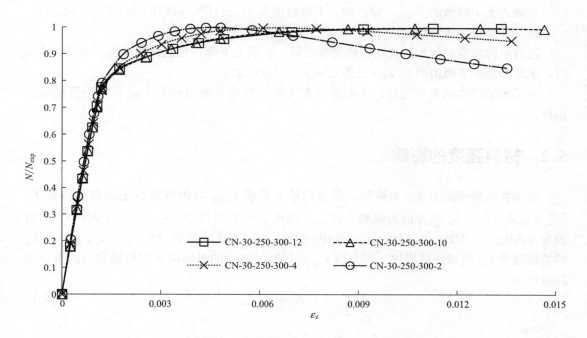

图 5.1 典型的钢管混凝土试件 N/N_{exp}-ε_z 曲线

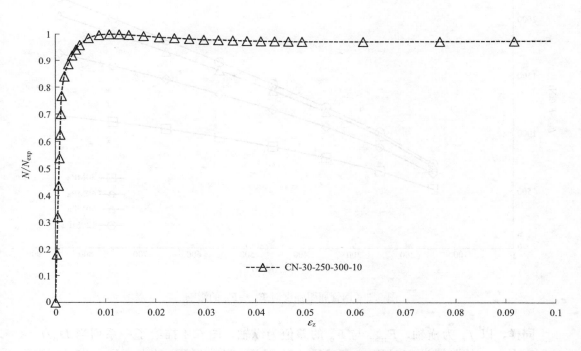

图 5.2 钢管混凝土试件 N/N_{exp}-ε_z 全过程曲线（CN-30-250-300-10）

（2）种类 II：中等约束效应

随着纵向应变的增加，在达到峰值荷载后，承载力下降，但当纵向应变不大于 1.5%

时，承载力大于峰值的 85％，即承载力下降幅度为 2％～15％（试件 CN-30-250-300-4）。

（3）种类Ⅲ：弱约束效应

随着纵向应变的增加，在达到峰值荷载后，承载力下降，且当纵向应变不大于 1.5％时，承载力会小于峰值的 85％（试件 CN-30-250-300-2）。

为了预防试件的突然失效，本书建议在实际工程中只使用种类Ⅰ或Ⅱ的钢管混凝土构件。

5.2　材料强度的影响

以钢管的屈服应力 σ_{sy} 为横轴，以曲线最大荷载 F_{max} 与钢管混凝土的名义荷载 F_o ［定义见式（5.1）］的差值为纵轴，图 5.3 描绘了一系列当 $D_o/t = 300/7$ 时，f_c' 的取值为 30MPa、60MPa、90MPa 与 120MPa 的点。当 D_o/t 满足式（3.1）时，F_{max} 与 F_o 的差值随着 σ_{sy} 的增加而增加。因为当 σ_{sy} 增加时，钢管的纵向应力与所提供的约束应力同时增加。

$$F_o = f_c' A_c + \sigma_{sy} A_s \tag{5.1}$$

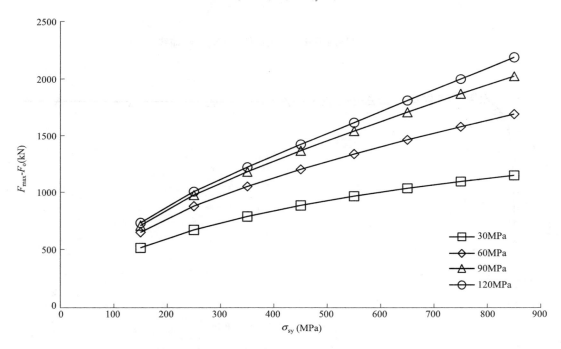

图 5.3　钢管屈服强度对 F_{max}-F_o 的影响

同样，以 f_c' 为横轴，F_{max} 与 F_o 的差值为纵轴，图 5.4 描绘了一系列当 $D_o/t = 300/7$ 时，σ_{sy} 的取值为 250MPa、450MPa、650MPa 与 850MPa 的点。F_{max} 与 F_o 的差值随着 f_c' 的增加而增加。然而，随着 f_c' 的增加，曲线的斜率降低，即增加幅度下降。这说明了当使用高强混凝土时，为了维持一个固定的 F_{max} 与 F_o 的差值，需要更大的约束应力，即使用更高强度或更小 D_o/t 的钢管。

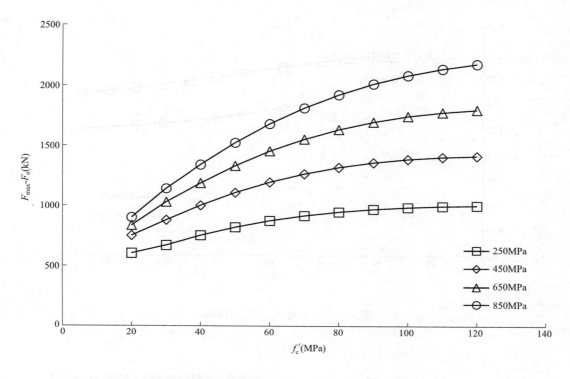

图 5.4　混凝土强度对 $F_{\max}$-F_{o} 的影响

5.3　D_{o}/t 的影响与延性设计理论

$F_{\max}/F_{\mathrm{o}}$ 与 D_{o}/t 的关系曲线如图 5.5 所示，在图中，钢管强度为 250MPa，混凝土强度为 30MPa 或 90MPa。随着 D_{o}/t 增加，$F_{\max}/F_{\mathrm{o}}$ 减小。这是因为当 D_{o}/t 越大时，钢管提供的约束应力越小，导致提升效果越小，反之亦然。

关于试件的延性性能，从图 5.1 中已经明确，试件延性随着 D_{o}/t 的增加而降低。伴随着曲线从种类 I 到种类 II 再到种类 III 的变更，D_{o}/t 也在不断变化。通过参数分析可以归纳总结为：有两个重要的 D_{o}/t，即 Dt_1 和 Dt_2，分别代表着要达到种类 I（在纵向应变达到 1.5% 以前，承载力最多允许 2% 的下降）和种类 II（在纵向应变达到 1.5% 以前，承载力最多允许 15% 的下降）的延性性能时的 D_{o}/t 的值。图 5.6 和图 5.7 展示了在 σ_{sy} 为 250MPa、450MPa、650MPa 和 850MPa 时，两组 D_{o}/t 和 f_{c}'（从 20～120MPa）的关系。按照式（3.1），每图中还存在 4 条直线，显示出钢管要达到对应的屈服应力时的最大 D_{o}/t。从两图中便可以得到当给定混凝土和钢管强度时的 Dt_1 和 Dt_2 的值，为了方便实际工程使用，Dt_1 和 Dt_2 在不同混凝土和钢管强度的设计公式也在图中标注出来。为了达到相同的延性水平，越高强度的混凝土需要越小的 D_{o}/t 或越大的钢管屈服强度 σ_{sy}。

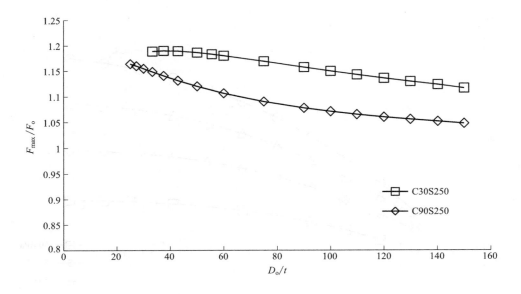

图 5.5　D_o/t 对 F_{max}/F_o 的影响

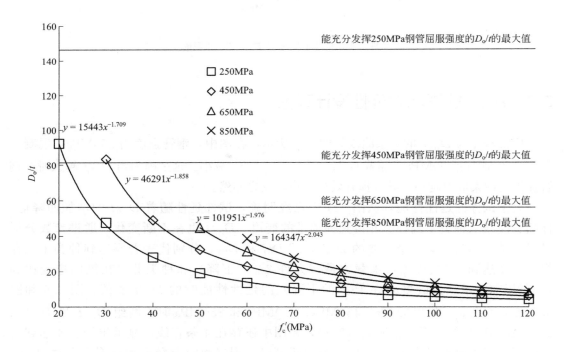

图 5.6　种类 I 曲线的临界 D_o/t

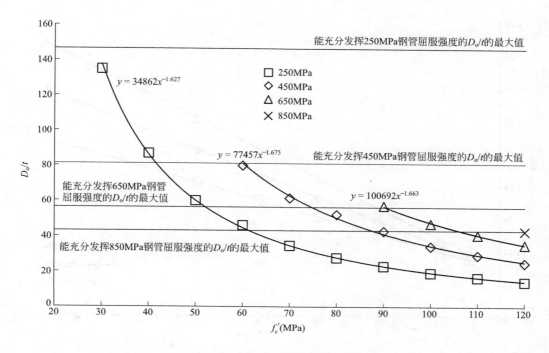

图 5.7　种类Ⅱ曲线的临界 D_{o}/t

5.4　外加约束的影响

　　为进一步研究外加约束对钢管混凝土试件强度和延性的影响，本节选用夹套约束来分析，同时，为降低数据的分散性，选定 $\sigma_{\mathrm{sy}}=250\mathrm{MPa}$，$f'_{\mathrm{c}}=60\mathrm{MPa}$ 和 $D_{\mathrm{o}}/t=60$。

　　图 5.8～图 5.10 分别展示了夹套 n、A_{sE} 和 σ_{ssE} 对夹套约束钢管混凝土 $F_{\max}/F_{\mathrm{o}}$ 的影响。其中，n 的变化区间为 5（$S=180$，夹套相距较远）～75（$S=12$，夹套紧挨在一起）；A_{sE} 的变化区间为 12～48 mm^2（本书试验的变化区间）；σ_{ssE} 则是从 250～450 MPa。随着夹套 n、A_{sE} 或者 σ_{ssE} 的增加，或者夹套间距的减小，$F_{\max}/F_{\mathrm{o}}$ 增大。

　　毫无疑问，夹套可以提升试件的延性性能。如图 5.11 所示，试件 CN-60-250-300-5 属于类型Ⅲ延性的曲线，但安装了适量的夹套后，试件 CJ（35-3 * 12-250）-60-250-300-5 转变成了类型Ⅱ的曲线。另一方面，这种延性的提升可以通过降低 D_{o}/t 到 300/6.72 来达成。通过计算可知，试件 CJ（35-3 * 12-250）-60-250-300-5 的含钢量（含外加约束）为 1187522mm^3，而试件 CN-60-250-300-6.72 的含钢量为 1401959mm^3。所以，为了达到相同的延性水平，使用夹套可以节省约 15％的钢材，即外加约束比单纯增加钢管厚度对提升试件的延性性能更为有效。关于强度，试件 CJ（35-3 * 12-250）-60-250-300-5 的极限荷载为 6348kN，而试件 CN-60-250-300-6.72 仅为 6270kN，同样证明外加约束对提升试件的强度更为有效。究其原因是单纯增加钢管厚度无法在弹性阶段增加约束应力，而外加约束可以在初始弹性阶段提供约束应力，从而有效提升钢管与混凝土的界面粘结性能。

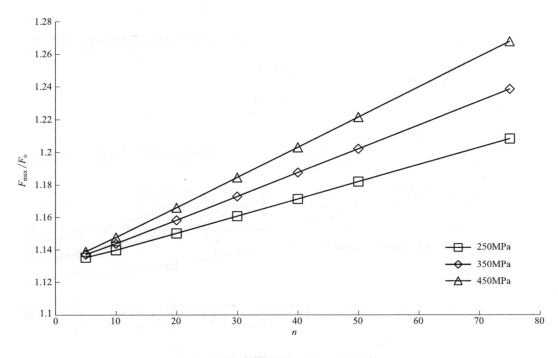

图 5.8　夹套数量对 $F_{\max}/F_\text{o}$ 的影响

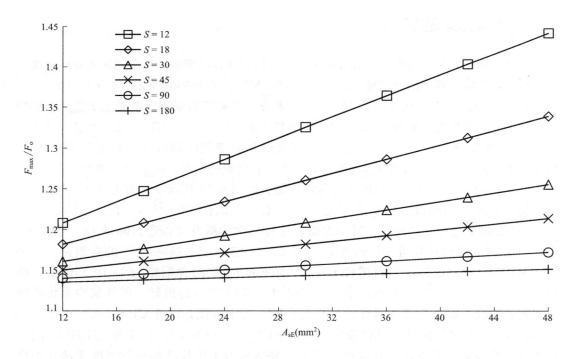

图 5.9　夹套面积对 $F_{\max}/F_\text{o}$ 的影响

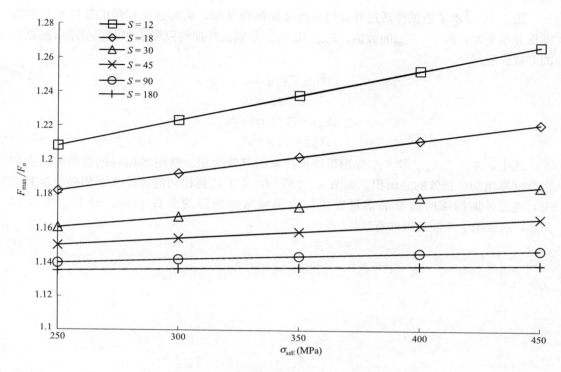

图 5.10　夹套屈服强度对 F_{max}/F_o 的影响

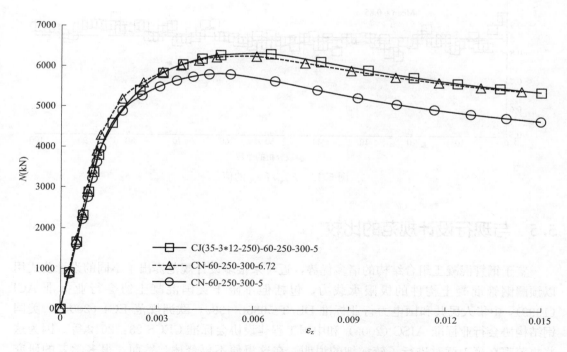

图 5.11　夹套对钢管混凝土柱延性及强度的影响

图 5.12 展示了当试件通过外加约束或增加钢管壁厚，从而达到相同的延性水平和强度提升水平时，F_{con}/F_{add} 的数值。F_{con} 和 F_{add} 分别指外加约束和增加钢管壁厚所能提供的等效强度：

$$F_{con} = \sigma_{ssE} A'_{ssE} \qquad (5.2)$$

$$F_{add} = \sigma_{sy} A_{add} \qquad (5.3)$$

$$A'_{ssE} = A_{ssE} \pi D_o / S \qquad (5.4)$$

$$A_{add} = A_{sT} - A_s \qquad (5.5)$$

式中，A'_{ssE}、A_{add} 和 A_{sT} 分别指外加约束的等效面积、壁厚增加后钢管增加的面积以及壁厚增加后钢管的总面积。如图 5.12 所示，为了达到相同的延性水平和强度提升水平，通过外加约束所需要的钢量要比仅为单纯增加壁厚的节省 15%，即 $F_{con} = 0.85 F_{add}$，这说明了外加约束的有效性。

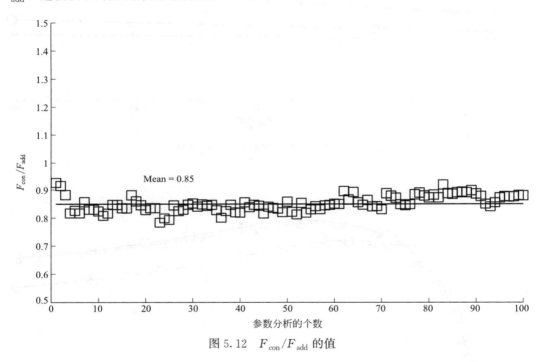

图 5.12 F_{con}/F_{add} 的值

5.5   与现行设计规范的比较

鉴于钢管混凝土组合结构的诸多优势，近年来很多设计规范提出了不同的设计公式用以预测钢管混凝土构件的极限承载力，包括但不限于美国混凝土协会行业标准 ACI（1999），中华人民共和国电力行业标准 DL/T 5085—1999，欧洲规范 EC4（2004），美国钢结构协会行业标准 AISC（2005）和中国工程建设协会标准 CECS 28：2012 等。因为这些规范都在第 1 章时进行了较详细的说明，在这里便不再赘述。然而，很多学者的研究（Schneider，1998；Giakoumelis 和 Lam，2004；Lu 和 Zhao，2010；Petrus 等，2010）指出，现有的设计规范难以精确预测钢管混凝土的极限承载力。

　　为了进一步验证这些设计公式的准确性，在本节中建立了一个较大数据库，共有1068个无约束圆钢管混凝土柱试件，其中包括286个在第4章归纳的试验数据以及782个参数分析的结果进行对比。图5.13～图5.32展示了试验最大荷载（试验强度）或参数分析中的最大荷载（模拟强度）与规范设计最大荷载（设计强度）的对比。图中，N_{max}为F_{max}（参数分析结果，也可以称为模拟强度）或N_{exp}（试验结果）。可以从这些图中看出在σ_{sy}、f'_c和D_o/t的影响下，设计强度与试验强度或模拟强度的偏差。表5.1和表5.2分别收集了试验强度或模拟强度与设计强度比值的最大值、最小值、平均值、标准差以及变异系数。从表5.1、表5.2和图5.13～图5.32中可以看出：

　　① 在各个规范的预测中，当钢管混凝土试件的材料强度或D_o/t的比值超过了表1.1中所示的各个规范的限制时，和没有超过限制的试件有几乎相同的趋势，但是数据更加离散。

　　② 因没有考虑任何的约束效应，所以ACI和AISC的设计强度要比试验强度低29%和22%；比模拟强度低25%和18%。

　　③ 中华人民共和国电力行业标准DL/T难以全面预测钢管混凝土试件的极限承载力[见图5.19，当$f'_c > 100MPa$的情况，需要注意到，对于本书测试的试件CN-0-4-139-120，$N_{exp}/N_{DLT}=1.66$，而对于试件CC8-A-2（Sakino等2004），$N_{exp}/N_{DLT}=0.59$]。N_{exp}/N_{DLT}的平均值为1.13，而F_{max}/N_{DLT}的平均值为1.20。N_{exp}/N_{DLT}和F_{max}/N_{DLT}的最大值与最小值的差异分别为1.18和1.67。

　　④ 使用欧洲规范EC4，N_{exp}/N_{EC4}的平均值为0.89，而F_{max}/N_{EC4}的平均值为0.87。

　　⑤ 中国工程建设协会标准CECS是众多规范中较为准确的，N_{exp}/N_{CECS}的平均值为1.08，标准差为0.0702；而F_{max}/N_{CECS}的平均值为0.87，标准差为0.0550。

　　虽然外加约束被很多学者验证过能有效地提升钢管混凝土试件的力学性能，但没有一个规范可以准确预测外加约束钢管混凝土试件的极限承载力。所以，需要在保证工程结构安全、可靠、经济与适用的前提下，建立了钢管混凝土试件（包括无约束及有外加约束）承载力的统一设计理论。

试验与现行设计规范或提出设计公式的极限承载力对比（无约束试件）　　　表5.1

	数据量	最大值	最小值	均值	标准差	变异系数 COV
N_{exp}/N_{ACI}	286	1.47	1.10	1.29	0.0743	0.0576
N_{exp}/N_{AISC}	286	1.40	1.05	1.22	0.0721	0.0591
N_{exp}/N_{DLT}	286	1.77	0.59	1.13	0.2150	0.1903
N_{exp}/N_{CECS}	286	1.25	0.90	1.08	0.0702	0.0650
N_{exp}/N_{EC4}	286	1.10	0.67	0.89	0.0797	0.0896
N_{exp}/N_{pre}	286	1.19	0.91	1.04	0.0580	0.0558

参数分析与现行设计规范或提出设计公式的极限承载力对比（无约束试件）　　　表5.2

	数据量	最大值	最小值	均值	标准差	变异系数 COV
F_{max}/N_{ACI}	782	1.30	1.09	1.25	0.0464	0.0371
F_{max}/N_{AISC}	782	1.23	1.09	1.18	0.0339	0.0287
F_{max}/N_{DLT}	782	2.13	0.46	1.20	0.4182	0.3485
F_{max}/N_{CECS}	782	1.14	0.96	1.07	0.0550	0.0514

	数据量	最大值	最小值	均值	标准差	变异系数 COV
F_{max}/N_{EC4}	782	1.03	0.67	0.87	0.0895	0.1029
F_{max}/N_{pre}	782	1.04	0.96	1.01	0.0187	0.0185

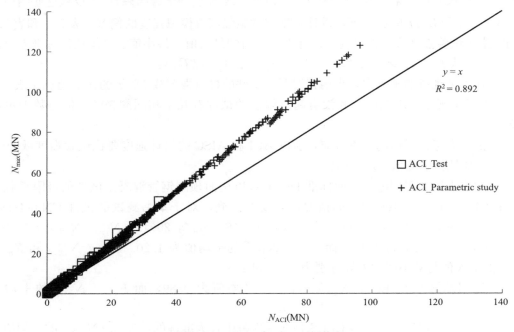

图 5.13 N_{max} 与 N_{ACI} 的关系

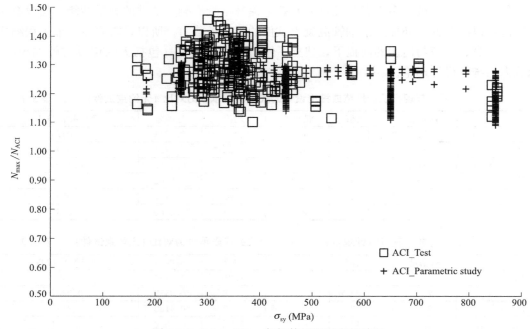

图 5.14 N_{max}/N_{ACI} 与钢管屈服强度的关系

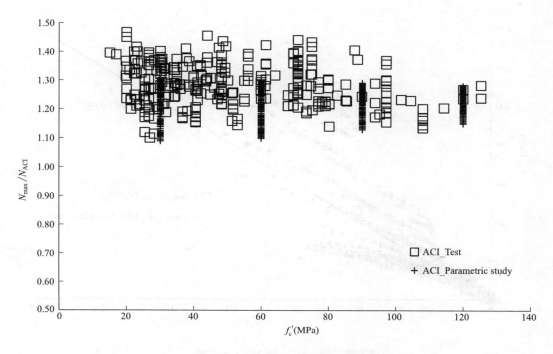

图 5.15 N_{max}/N_{ACI} 与混凝土强度的关系

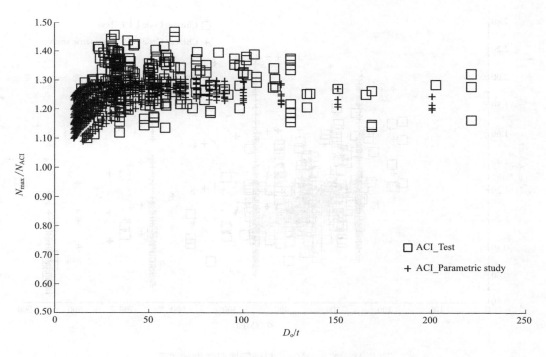

图 5.16 N_{max}/N_{ACI} 与 D_o/t 的关系

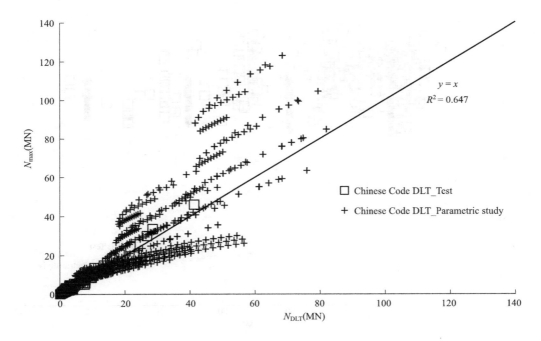

图 5.17 N_{max} 与 N_{DLT} 的关系

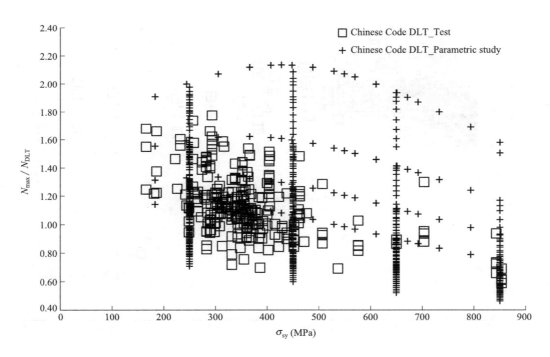

图 5.18 N_{max}/N_{DLT} 与钢管屈服强度的关系

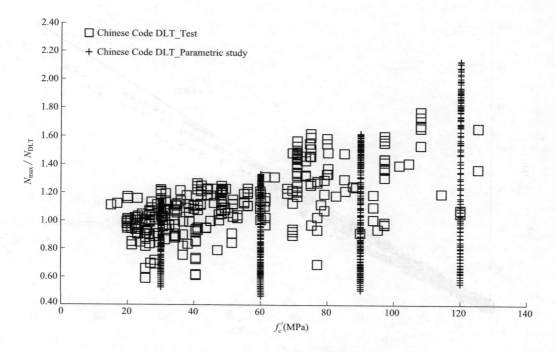

图 5.19　N_{max}/N_{DLT} 与混凝土强度的关系

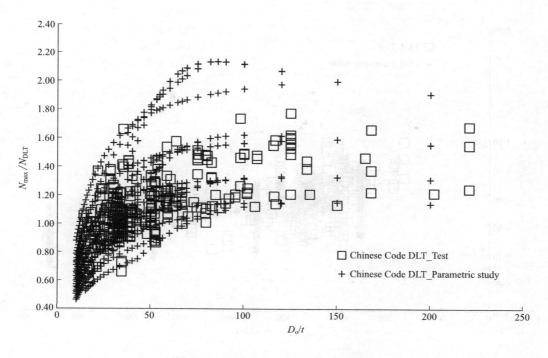

图 5.20　N_{max}/N_{DLT} 与 D_o/t 的关系

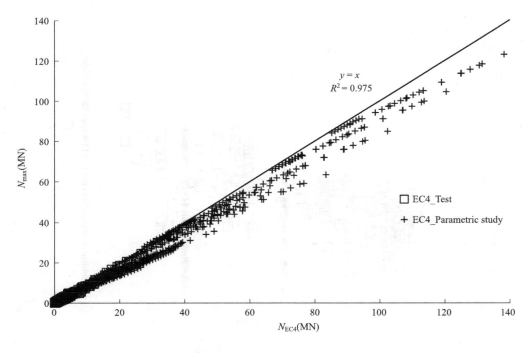

图 5.21 N_{max} 与 N_{EC4} 的关系

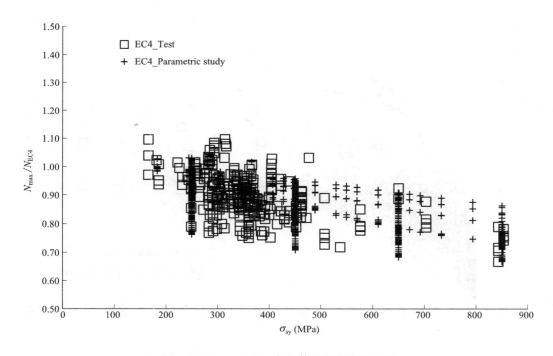

图 5.22 N_{max}/N_{EC4} 与钢管屈服强度的关系

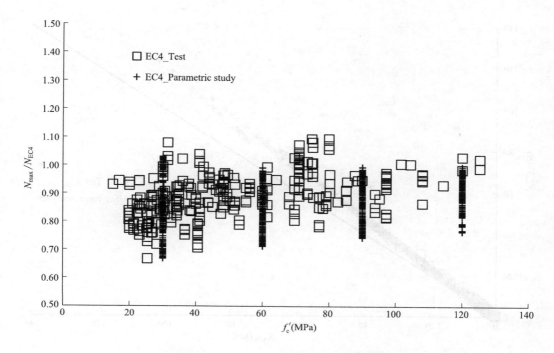

图 5.23　$N_{\max}/N_{\mathrm{EC4}}$ 与混凝土强度的关系

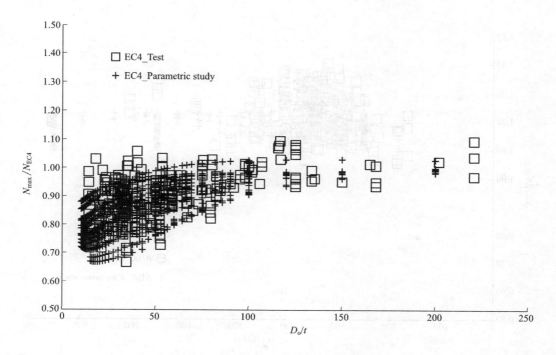

图 5.24　$N_{\max}/N_{\mathrm{EC4}}$ 与 D_{o}/t 的关系

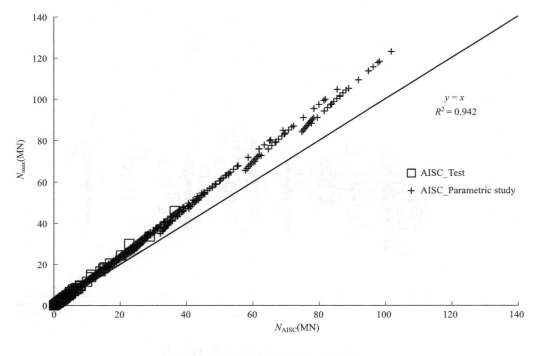

图 5.25　N_{max} 与 N_{AISC} 的关系

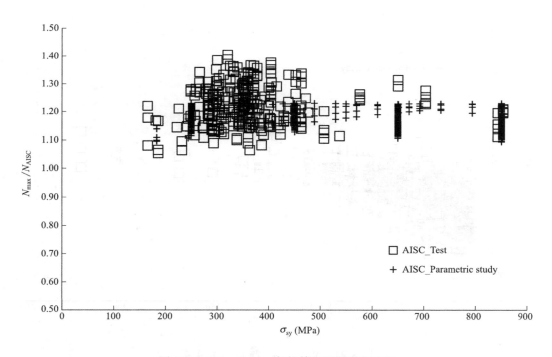

图 5.26　N_{max}/N_{AISC} 与钢管屈服强度的关系

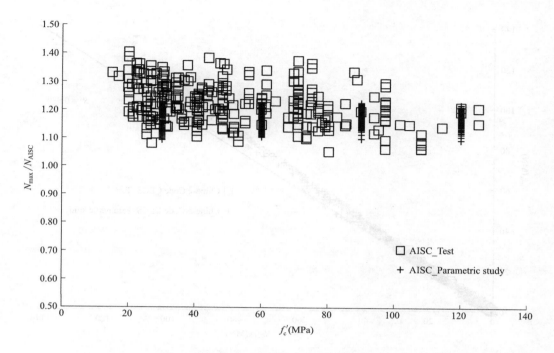

图 5.27 $N_{\text{max}}/N_{\text{AISC}}$ 与混凝土强度的关系

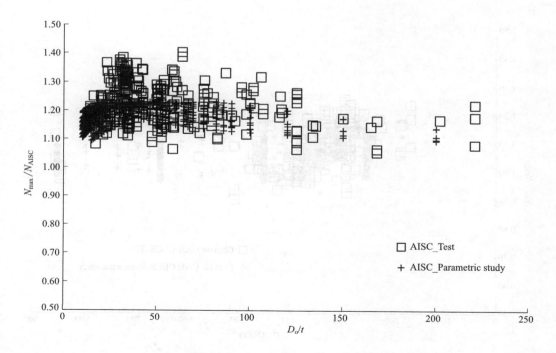

图 5.28 $N_{\text{max}}/N_{\text{AISC}}$ 与 D_{o}/t 的关系

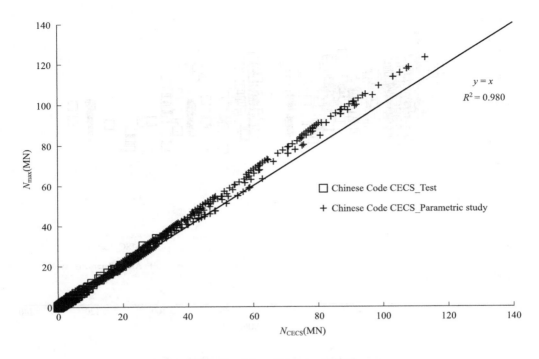

图 5.29　N_{max} 与 N_{CECS} 的关系

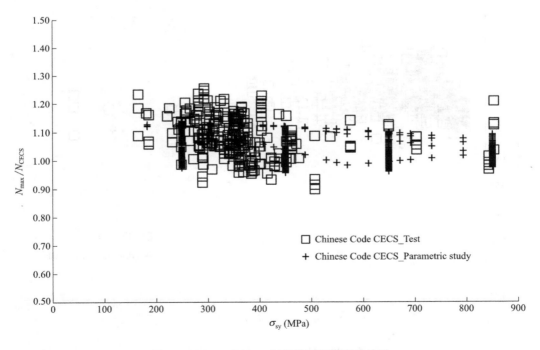

图 5.30　N_{max}/N_{CECS} 与钢管屈服强度的关系

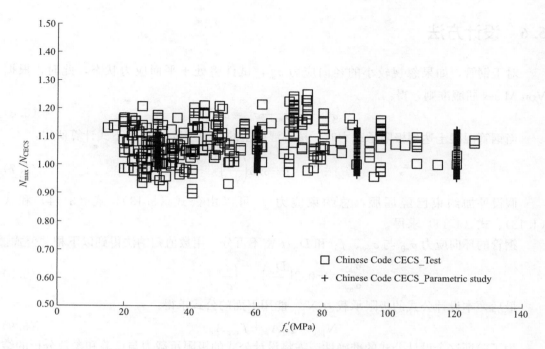

图 5.31　$N_{\max}/N_{\mathrm{CECS}}$ 与混凝土强度的关系

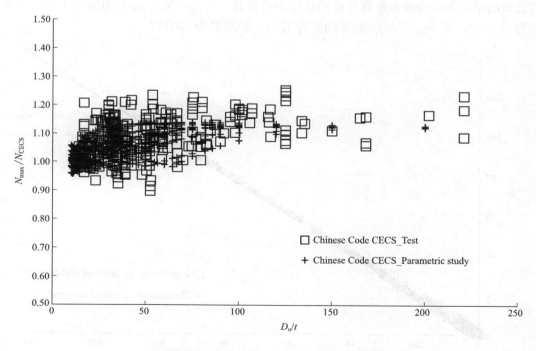

图 5.32　$N_{\max}/N_{\mathrm{CECS}}$ 与 D_{o}/t 的关系

5.6　设计方法

对于钢管，如果忽视较小的径向应力 σ_{sr}，试件将处于平面应力状态，此时，根据 Von Mises 屈服准则，得：

$$\sigma_{s\theta}^2 - \sigma_{s\theta}\sigma_{sz} + \sigma_{sz}^2 = \sigma_{sy}^2 \tag{5.6}$$

当钢管混凝土达到极限承载力时，核心混凝土的应力 f_{ccp}^* 可以由下式计算所得：

$$\frac{f_{ccp}^*}{f_c'} = 1 + 3.5\left(\frac{f_r}{f_c'}\right) \tag{5.7}$$

假设外加约束已经屈服，总约束应力 f_r 可以由公式（3.13）、式（3.14）和式（4.13）、式（4.14）求得。

钢管的环向应力 $\sigma_{s\theta}$ 与 σ_{sy}、f_c' 和 D_o/t 密不可分。用数值归纳法得到以下相关公式：

$$\frac{\sigma_{s\theta}}{\sigma_{sy}} = -0.2\left(\frac{D_o}{t}\right)^{0.35}\left(\frac{f_c'}{\sigma_{sy}}\right)^{0.45} \tag{5.8}$$

最后，本设计公式的极限承载力 N_{pre} 能用下面的公式求得：

$$N_{pre} = \sigma_{sz}A_s + f_{ccp}^* A_c \tag{5.9}$$

为了验证这个设计公式的准确性，需将设计公式的极限承载力与试验和参数分析的结果进行对比。结果详见表 5.1、表 5.2 和图 5.33～图 5.36。从这些图表中可以看出，设计公式的结果和试验或者参数分析的结果吻合良好。N_{exp}/N_{pre} 的平均值为 1.04，标准差为 0.0580；而 F_{max}/N_{pre} 的平均值为 1.01，标准差为 0.0187。

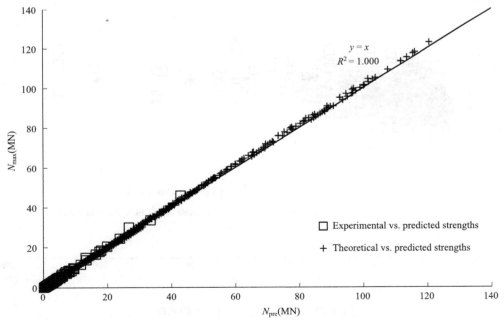

图 5.33　N_{max} 与 N_{pre} 的关系

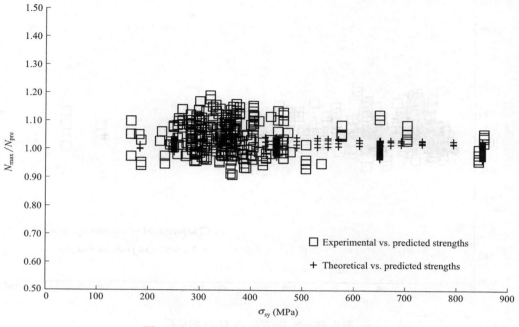

图 5.34　N_{max}/N_{pre} 与钢管屈服强度的关系

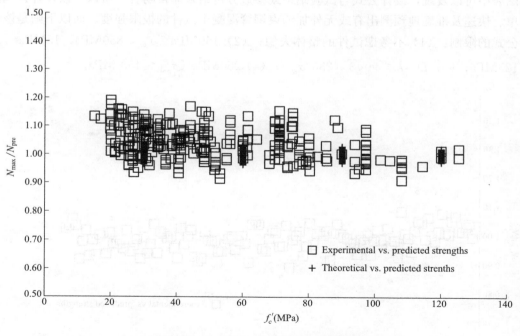

图 5.35　N_{max}/N_{pre} 与混凝土强度的关系

　　为了验证提出的设计公式对外加约束钢管混凝土柱是否适用，在本节中建立了另一个较大数据库，共有 643 个外加约束圆钢管混凝土试件，其中包括 73 个在第 4 章归纳的试验数据以及 570 个参数分析的结果进行对比。结果详见图 5.37、图 5.38 和表 5.3。从这

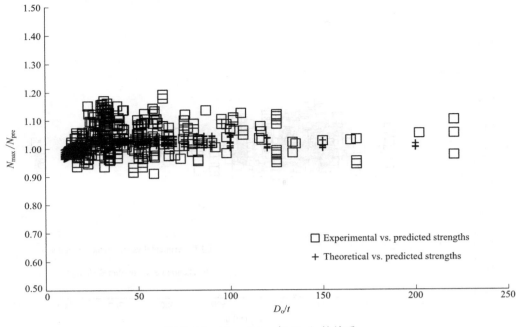

图 5.36　$N_{\max}/N_{\mathrm{pre}}$ 与 D_{o}/t 的关系

些图表中可以发现，设计公式与试验结果或参数分析结果非常吻合。所以，该设计公式能简单、快速及准确地预测出有或无外加约束钢管混凝土试件的极限强度。而以下则是该设计公式的限制：（1）不考虑试件的整体失稳；（2）$150\mathrm{MPa}{\leqslant}\sigma_{\mathrm{sy}}{\leqslant}850\mathrm{MPa}$，$15\mathrm{MPa}{\leqslant}f_{\mathrm{c}}'$ ${\leqslant}125\mathrm{MPa}$；（3）$D_{\mathrm{o}}/t{\leqslant}90\sqrt{3}$ （$235/\sigma_{\mathrm{sy}}$）；（4）$250\mathrm{MPa}{\leqslant}\sigma_{\mathrm{ssE}}{\leqslant}450$ MPa。

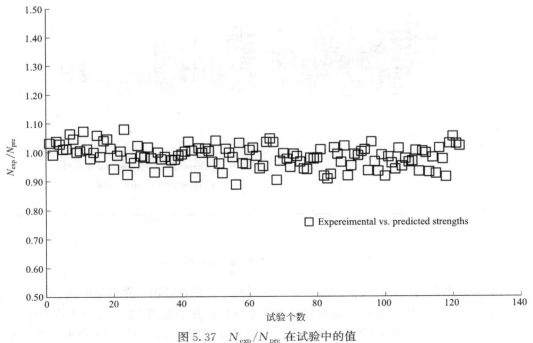

图 5.37　$N_{\mathrm{exp}}/N_{\mathrm{pre}}$ 在试验中的值

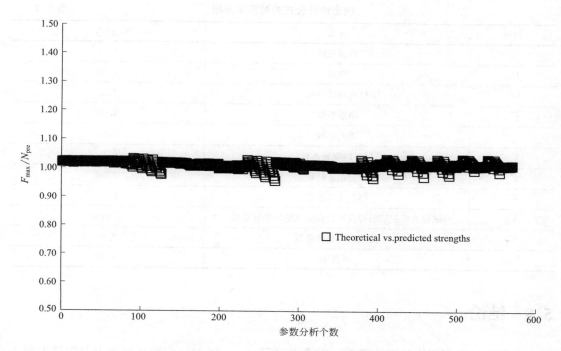

图 5.38　F_{max}/N_{pre} 在参数分析的值

试验或参数分析与现行设计规范或提出设计公式的极限承载力对比（外加约束试件）　表 5.3

	试验结果	参数分析结果
数据量	73	570
最大值	1.08	1.03
最小值	0.89	0.96
均值	0.99	1.01
标准差	0.0402	0.0105
变异系数 COV	0.0404	0.0104

5.7　设计可靠度分析

所提出设计公式的可靠度由可靠度指标 β_r 来评估，具体细节详见 AISC Specification （2010）。β_r 的值越大，说明设计越可靠、越安全。在下面的可靠度分析中，抗力系数 ϕ 取值为 0.80。本节也采纳 AISC Specification （2010） 所提出的荷载组合：$1.2DL +$ $1.6LL$，而 DL 和 LL 分别指恒载和活荷载。材料均值系数 M_m、制造系数 F_m、材料的变异系数 V_m、制造变异系数 V_f、荷载效应变异系数 V_q、校正系数 C_p（用来校正数据总量 n_t）、均值 P_m 和试验或模拟结果与设计公式的比值的变异系数 V_p 都列举在表 5.4 中。可以发现，按照所提出设计公式确定的钢管混凝土柱在轴心受压时强度的可靠度指标 β_r = 3.08，远大于规范中所建议的 2.5，故本书所提出的设计公式非常可靠且安全。

提出设计公式的可靠度分析   表 5.4

符号	含义	N_{max}/N_{pre}
n_t	数据总量	1711
P_m	均值	1.02
M_m	材料均值系数	1.10
F_m	制造系数	1.00
ϕ	抗力系数	0.80
V_m	材料的变异系数	0.10
C_p	校正系数	1.00
V_f	制造变异系数	0.05
V_p	试验或模拟结果与设计公式的比值的变异系数	0.0318
V_q	荷载效应变异系数	0.21
β	可靠度	3.08

5.8　结论

应用第 4 章所提出的理论模型，本章揭示了 σ_{sy}、f'_c、D_o/t 和外加约束对钢管混凝土构件轴压性能的影响规律。以下是本章的结论：

①钢管混凝土构件的极限强度随着钢管屈服强度和混凝土强度的增加或钢管的径厚比减小而增加。

②根据参数分析的结果，建立了钢管混凝土构件的延性统一设计理论，以供实际工程参考。

③夹套约束钢管混凝土构件的 F_{max}/F_o 随着夹套的 n、A_{sE} 或者 σ_{ssE} 的增加，或者夹套间距的减小而增大。

④外加约束比单纯增加钢管厚度对提升钢管混凝土构件的强度和延性性能更为有效。

最后，通过使用模型强度和试验强度与现行设计规范的设计强度的对比，指出了现行设计规范难以精准预测钢管混凝土构件的极限强度，特别是使用高强度材料时。所以在保证工程结构安全、可靠、经济与适用的前提下，本章建立了钢管混凝土构件的承载力统一设计理论，以供实际工程参考。通过对比发现，提出的设计理论比现行所有的设计规范都要准确，且涵盖参数的范围要更广。本章相关内容可参考 Lai 和 Ho（2017）。

6

总结和展望

6.1 总结

近 30 年来，钢管混凝土组合结构在我国得到了空前广泛的应用，在高层建筑、跨江大桥、地下结构及港口工程等方面取得了重大的经济效益。而近年来随着现代混凝土技术的不断发展，钢管混凝土组合结构更是迎来了研究的春天。绿色高性能混凝土（Lai 等，2019；Lai 等，2020b，c；Lai 等，2020d，2021b；Lai 等，2021c）与钢管一同使用可以说是最完美的组合，在发挥各自优势的同时又互相弥补缺陷。钢管混凝土组合结构有这么优异的力学性能，主要得益于钢管和混凝土的组合效应。站在无数学术巨人的肩膀上，本书进一步探索了外加约束钢管混凝土构件在轴心受压时的力学性能。首先，本书提出了两种形式的外加约束，即钢环约束和夹套约束来解决钢管混凝土在受压前期易脱空及钢管过早地向外局部屈曲变形的问题。之后，通过 145 个完善的试验深入研究了影响钢管混凝土构件力学性能的各项参数。基于试验结果，剖析了钢管尺寸、钢管强度、混凝土强度及受力状态等因素对钢管混凝土组合效应的影响，创新性地提出了钢管和混凝土在三向受力状态下的本构关系，经过验证，此模型能精准地预测不同材料约束混凝土在轴心受压时的全过程荷载-位移（应变）曲线。最后，运用所提出的模型进行了详尽的参数分析并提出了比现行所有设计规范更为精准、参数涵盖面更广的设计公式。

6.2 展望

科学研究的发展是永无止境的，尽管本书在外加约束钢管混凝土构件在轴心受压时的力学性能的研究上有所突破，但尚欠完善。因此，提出以下几点关于钢管混凝土组合结构及约束混凝土本构模型需要继续研究和解决的问题：

①除了轴心受压的情况，对外加约束钢管混凝土组合结构的其他受力情况，如偏心受压、纯弯曲、侧向循环荷载以及极端受力情况（火灾或地震）都需要进行深入探讨以全面了解其结构性能。

②本书提出的钢管和混凝土的三向本构模型可以准确模拟组合结构在不同受力状态下

的结构性能，但对于其他受力情况，因约束应力不是均匀分布，所以需要考虑应变梯度（strain gradient）的影响。

③因试验室的限制，本书中的试件尺寸相对较小。未来需要研究足尺试件的结构性能以观测是否有尺寸效应（size effect）。

④为了进一步提高约束混凝土构件的约束应力，在未来的试验中可以采用膨胀混凝土或者使用预应力外加约束材料。

⑤现代计算机技术发展迅猛，可以通过三维有限元模拟试件的整体性能，在此情况下，已无必要假设钢材为理想弹性塑性体，可以按照钢材的实际工作曲线来进行计算分析。

⑥尽管通过验证，本书所提出的模型与绝大多数试验结果吻合良好。但其不能较好地预测钢管混凝土构件在过早屈曲的状况，需要通过继续研究来修正此模型。

⑦本书提出的约束混凝土本构模型只考虑纵向应变、约束应力大小及无约束混凝土抗压强度三者的协同作用，而忽略了混凝土内部微结构的影响，所以使用现有的本构模型难以精准预测约束新型混凝土（使用其他材料替代混凝土中的水泥、河砂或/及天然粗骨料）的应力-应变曲线，需要在新的模型中提出混凝土内部微结构甚至组成原材料强度等的影响。

参 考 文 献

Abed, F., AlHamaydeh, M., Abdalla, S. (2013). Experimental and numerical investigations of the compressive behavior of concrete filled steel tubes (CFSTS) [J]. Journal of Constructional Steel Research, 80: 429-439.

ACI. (1999). Building code requirements for structural concrete (ACI 318-99). Detroit: American concrete institute (ACI).

Ahmad, S. H., Shah, S. P. (1982). Stress-strain curves of concrete confined by spiral reinforcement [J]. ACI Journal, 79 (6): 484-490.

AISC. (2005). Load and resistance factor design (LRFD) specification for structural steel buildings. Chicago, USA: American institute of steel construction (AISC) [J].

AISC Specification. (2010). Specification for structural steel buildings (ANSI/AISC 360-10): 32d printing: American institute of steel construction (AISC) [J].

Albanesi, T., Nuti, C., Vanzi, I. (2007). Closed form constitutive relationship for concrete filled FRP tubes under compression [J]. Construction and Building Materials, 21 (2): 409-427.

Attard, M. M., Setunge, S. (1996). Stress-strain relationship of confined and unconfined concrete [J]. ACI Materials Journal, 93 (5): 432-442.

Bradford, M. A., Loh, H. Y., Uy, B. (2002). Slenderness limits for filled circular steel tubes [J]. Journal of Constructional Steel Research, 58 (2): 243-252.

BSI. (1983a). BS 1881-110: 1983: Testing concrete. Method for making test cylinders from fresh concrete.

BSI. (1983b). BS 1881-120: 1983: Testing concrete. Method for determination of the compressive strength of concrete cores.

BSI. (1983c). BS 1881-121: 1983: Testing concrete. Method for determination of static modulus of elasticity in compression. BSI, London, UK.

BSI. (1993). BS EN 1993-1-1: Eurocode 3: Design of steel structures, part 1-1: General rules and rules for buildings. BSI, London, UK.

BSI. (2004). BS EN 1992-1-1: Eurocode 2: Design of concrete structures, part 1-1: General rules and rules for buildings. BSI, London, UK.

BSI. (2006). BS EN 10210-2: Hot finished structural hollow sections of non-alloy and fine grain steels. Tolerances, dimensions and sectional properties. BSI, London, UK.

BSI. (2009). BS EN ISO 6892-1: 2009: Metallic materials. Tensile testing. Method of test at ambient temperature.

Cai, J., He, Z. Q. (2006). Axial load behavior of square CFT stub column with binding bars [J]. Journal of Constructional Steel Research, 62 (5): 472-483.

Cao, Q., Tao, J., Wu, Z., Ma, Z. J. (2017). Behavior of FRP-steel confined concrete tubular columns made of expansive self-consolidating concrete under axial compression [J]. Journal of Composites for Construction, 21 (5): 04017037.

Chang, X., Huang, C. K., Chen, Y. J. (2009a). Mechanical performance of eccentrically loaded pre-stressing concrete filled circular steel tube columns by means of expansive cement [J]. Engineering Structures, 31 (11): 2588-2597.

Chang, X., Huang, C. K., Jiang, D. C., Song, Y. C. (2009b). Push-out test of pre-stressing concrete filled circular steel tube columns by means of expansive cement [J]. Construction and building materials, 23 (1): 491-497.

Cusson, D., Paultre, P. (1994). High - strength concrete columns confined by rectangular ties [J]. Journal of Structural Engineering, ASCE, 120 (3): 783-804.

Dabaon, M., El-Khoriby, S., El-Boghdadi, M., Hassanein, M. F. (2009). Confinement effect of stiffened and unstiffened concrete-filled stainless steel tubular stub columns [J]. Journal of Constructional Steel Research, 65 (8): 1846-1854.

De Nardin, S., El Debs, A. L. H. C. (2007). Shear transfer mechanisms in composite columns: An experimental study [J]. Steel and Composite Structures, 7 (5): 377-390.

Ding, F. X., Yu, Z. W., Bai, Y., Gong, Y. Z. (2011). Elasto-plastic analysis of circular concrete-filled steel tube stub columns [J]. Journal of Constructional Steel Research, 67 (10): 1567-1577.

EC4. (2004). Design of composite steel and concrete structures. Part 1-1: General rules and rules for buildings. EN-1994-1-1. European committee for standardization: British Standards Institution.

Ellobody, E., Young, B., Lam, D. (2006). Behaviour of normal and high strength concrete-filled compact steel tube circular stub columns [J]. Journal of Constructional Steel Research, 62 (7): 706-715.

Elremaily, A., Azizinamini, A. (2002). Behavior and strength of circular concrete-filled tube columns [J]. Journal of Constructional Steel Research, 58 (12): 1567-1591.

Fam, A. Z., Rizkalla, S. H. (2001). Confinement model for axially loaded concrete confined by circular fiber-reinforced polymer tubes [J]. ACI Structural Journal, 98 (4): 451-461.

Ferretti, E. (2004). On poisson's ratio and volumetric strain in concrete [J]. International Journal of Fracture, 126 (3): 49-55.

Gardner, N. J., Jacobson, E. R. (1967). Structural behavior of concrete-filled steel tubes [J]. ACI Journal, 64 (7): 404-412.

Ge, H. B., Usami, T. (1992). Strength of concrete-filled thin-walled steel box columns: Experiment [J]. Journal of Structural Engineering, ASCE, 118 (11): 3036-3054.

Giakoumelis, G., Lam, D. (2004). Axial capacity of circular concrete-filled tube columns [J]. Journal of Constructional Steel Research, 60 (7): 1049-1068.

Gupta, P. K., Sarda, S. M., Kumar, M. S. (2007). Experimental and computational study of concrete filled steel tubular columns under axial loads [J]. Journal of Constructional Steel Research, 63 (2): 182-193.

Han, L. H., Yao, G. H. (2004). Experimental behaviour of thin-walled hollow structural steel (HSS) columns filled with self-consolidating concrete (scc) [J]. Thin-Walled Structures, 42 (9): 1357-1377.

Han, L. H., Yao, G. H., Tao, Z. (2007). Performance of concrete-filled thin-walled steel tubes under pure torsion [J]. Thin-Walled Structures, 45 (1): 24-36.

Han, L. H., Yao, G. H., Zhao, X. L. (2005). Tests and calculations for hollow structural steel (HSS) stub columns filled with self-consolidating concrete (SCC) [J]. Journal of Constructional Steel Research, 61 (9): 1241-1269.

Hancock, G. J. (1998): Design of cold-formed steel structures: To australian/new zealand standard as/nzs 4600: 1996 [M]: Australian Institute of Steel Construction.

Harries, K. A., Kharel, G. (2003). Experimental investigation of the behavior of variably confined concrete [J]. Cement and Concrete research, 33 (6): 873-880.

Hatzigeorgiou, G. D. (2008). Numerical model for the behavior and capacity of circular cft columns, part I: Theory [J]. Engineering Structures, 30 (6): 1573-1578.

Ho, J. C. M., Lam, J. Y. K., Kwan, A. K. H. (2010). Effectiveness of adding confinement for ductility improvement of high-strength concrete columns [J]. Engineering Structures, 32 (3): 714-725.

Ho, J. C. M., Ou, X. L., Li, C. W., Song, W., Wang, Q., Lai, M. H. (2021). Uni-axial behaviour of expansive CFST and DSCFST columns [J]. Engineering Structures, 237 (20): 112193.

Ho, J. C. M., Pam, H. J. (2003). Inelastic design of low-axially loaded high-strength reinforced concrete columns [J]. Engineering Structures, 25 (8): 1083-1096.

Hsu, H. L., Yu, H. L. (2003). Seismic performance of concrete-filled tubes with restrained plastic hinge zones [J]. Journal of Constructional Steel Research, 59 (5): 587-608.

Hu, H. T., Huang, C. S., Wu, M. H., Wu, Y. M. (2003). Nonlinear analysis of axially loaded concrete-filled tube columns with confinement effect [J]. Journal of Structural Engineering, ASCE, 129 (10): 1322-1329.

Hu, Y. M., Yu, T., Teng, J. G. (2011). FRP-confined circular concrete-filled thin steel tubes under axial compression [J]. Journal of Composites for Construction, ASCE, 15 (5): 850-860.

Huang, C. S., Yeh, Y. K., Liu, G. Y., Hu, H. T., Tsai, K. C., Weng, Y. T., Wang, S. H., Wu, M. H. (2002). Axial load behavior of stiffened concrete-filled steel columns [J]. Journal of Structural Engineering, ASCE, 128 (9): 1222-1230.

Huang, Y., Young, B. (2014). The art of coupon tests [J]. Journal of Constructional Steel Research, 96: 159-175.

Imran, I., Pantazopoulou, S. J. (1996). Experimental study of plain concrete under triaxial stress [J]. ACI Materials Journal, 93 (6): 589-601.

Jiang, T., Teng, J. G. (2007). Analysis-oriented stress-strain models for FRP-confined concrete [J]. Engineering Structures, 29 (11): 2968-2986.

Johansson, M. (2002). The efficiency of passive confinement in CFT columns [J]. Steel and Composite Structures, 2 (5): 379-396.

Kato, B. (1995). Compressive strength and deformation capacity of concrete-filled tubular stub columns [J]. Journal of Structural and Construction Engineering, AIJ, 468 (1): 183-191.

Khodaie, N. (2013). Effect of the concrete strength on the concrete-steel bond in concrete filled steel tubes [J]. Journal of the Persian Gulf, 4 (11): 9-16.

Kitada, T. (1998). Ultimate strength and ductility of state-of-the-art concrete-filled steel bridge piers in Japan [J]. Engineering Structures, 20 (4-6): 347-354.

Kwan, A. K. H. (2000). Use of condensed silica fume for making high-strength, self-consolidating concrete [J]. Canadian Journal of Civil Engineering, 27 (4): 620-627.

Lai, M. H., Binhowimal, S. A. M., Griffith, A. M., Hanzic, L., Wang, Q., Chen, Z. Y., Ho, J. C. M. (2021a). Shrinkage design model of concrete incorporating wet packing density [J]. Construction and Building Materials, 280, 122448.

Lai, M. H., Binhowimal, S. A. M., Griffith, A. M., Wang, Q., Chen, Z. Y., Ho, J. C. M. (2020a). Shrinkage, cementitious paste volume and wet packing density of concrete [J]. Structural Concrete, https: //doi. org110. 1002/suco. 202000407.

Lai, M. H., Binhowimal, S. A. M., Hanzic, L., Wang, Q., Ho, J. C. M. (2020b). Cause and mitigation of dilatancy in cement powder paste [J]. Construction and Building Materials, 236: 117595.

Lai, M. H., Binhowimal, S. A. M., Hanzic, L., Wang, Q., Ho, J. C. M. (2020c). Dilatancy mitigation of cement powder paste by pozzolanic and inert fillers [J]. Structural Concrete, 21 (3): 1164-1180.

Lai, M. H., Griffith, A. M., Hanzic, L., Wang, Q., Ho, J. C. M. (2020d). Dilatancy reversal in superplasticized cementitious mortar [J]. Magazine of Concrete Research, 73 (16): 828-842.

Lai, M. H., Griffith, A. M., Hanzic, L., Wang, Q., Ho, J. C. M. (2021b). Interdependence of passing ability, dilatancy and wet packing density of concrete [J]. Construction and Building Materials, 270, 121440.

Lai, M. H., Hanzic, L., Ho, J. C. M. (2019). Fillers to improve passing ability of concrete [J]. Structural Concrete, 20 (1): 185-197.

Lai, M. H., Ho, J. C. M. (2014a). Behaviour of uni-axially loaded concrete-filled-steel-tube columns confined by external rings [J]. The Structural Design of Tall and Special Buildings, 23 (6): 403-426.

Lai, M. H., Ho, J. C. M. (2014b). Confinement effect of ring-confined concrete-filled-steel-tube columns under uni-axial load [J] . Engineering Structures, 67: 123-141.

Lai, M. H. , Ho, J. C. M. (2015a) . Axial strengthening of thin-walled concrete-filled-steel-tube columns by circular steel jackets [J] . Thin-Walled Structures, 97: 11-21.

Lai, M. H. , Ho, J. C. M. (2015b) . Optimal design of external rings for confined cfst columns [J] . Magazine of Concrete Research, 67 (19): 1017-1032.

Lai, M. H. , Ho, J. C. M. (2016a) . Confining and hoop stresses in ring-confined thin-walled concrete-filled steel tube columns [J] . Magazine of Concrete Research, 68 (18): 916-935.

Lai, M. H. , Ho, J. C. M. (2016b) . A theoretical axial stress-strain model for circular concrete-filled-steel-tube columns [J] . Engineering Structures, 125: 124-143.

Lai, M. H. , Ho, J. C. M. (2017) . An analysis-based model for axially loaded circular cfst columns [J] . Thin-Walled Structures, 119: 770-781.

Lai, M. H. , Li, C. W. , Ho, J. C. M. , Chen, M. T. (2020e) . Experimental investigation on hollow-steel-tube columns with external confinements [J] . Journal of Constructional Steel Research, 166: 105865.

Lai, M. H. , Song, W. , Ou, X. L. , Chen, M. T. , Wang, Q. , Ho, J. C. M. (2020f) . A path dependent stress-strain model for concrete-filled-steel-tube column [J]. Engineering Structures, 211: 110312.

Lai, M. H. , Zou, J. , Yao, B. , Ho, J. C. M. , Zhuang, X. , Wang, Q. (2021c). Improving mechanical behavior and microstructure of concrete by using BOF steel slag aggregate [J] . Construction and Building Materials, 277: 122269.

Lam, J. Y. K. , Ho, J. C. M. , Kwan, A. K. H. (2009) . Maximum axial load level and minimum confinement for limited ductility design of concrete columns [J] . Computers and Concrete, 6 (5): 357-376.

Lam, L. , Teng, J. G. (2004) . Ultimate condition of fiber reinforced polymer-confined concrete [J] . Journal of Composites for Construction, 8 (6): 539-548.

Lam, L. , Teng, J. G. , Cheung, C. H. , Xiao, Y. (2006) . FRP-confined concrete under axial cyclic compression [J] . Cement and Concrete Composites, 28 (10): 949-958.

Law, K. , Gardner, L. (2012) . Lateral instability of elliptical hollow section beams [J] . Engineering Structures, 37: 152-166.

Li, L. G. , Kwan, A. K. H. (2013) . Concrete mix design based on water film thickness and paste film thickness [J] . Cement and Concrete Composites, 39, 33-42.

Liang, Q. Q. , Fragomeni, S. (2009) . Nonlinear analysis of circular concrete-filled steel tubular short columns under axial loading [J] . Journal of Constructional Steel Research, 65 (12): 2186-2196.

Liao, F. Y. , Han, L. H. , He, S. H. (2011) . Behavior of CFST short column and beam with initial concrete imperfection: Experiments [J] . Journal of Constructional Steel Research, 67 (12): 1922-1935.

Lim，J. C.，Ozbakkaloglu，T.（2014）. Lateral strain-to-axial strain relationship of confined concrete［J］. Journal of Structural Engineering，ASCE，141（5）：04014141.

Liu，J. P.，Zhang，S. M.，Zhang，X. D.，Guo，L. H.（2009）. Behavior and strength of circular tube confined reinforced-concrete（CTRC）columns［J］. Journal of Constructional Steel Research，65（7）：1447-1458.

Lokuge，W. P.，Sanjayan，J. G.，Setunge，S.（2005）. Stress-strain model for laterally confined concrete［J］. Journal of Materials in Civil Engineering，17（6）：607-616.

Lu，X.，Hsu，C. T. T.（2007）. Tangent poisson's ratio of high-strength concrete in triaxial compression［J］. Magazine of Concrete Research，59（1）：69-77.

Lu，Z. H.，Zhao，Y. G.（2010）. Suggested empirical models for the axial capacity of circular cft stub columns［J］. Journal of Constructional Steel Research，66（6）：850-862.

Luksha，L. K.，Nesterovich，A. P.（1991）. *Strength testing of larger-diameter concrete filled steel tubular members*. Paper presented at the Proceeding of the 3rd internaltional conference on steel-concrete composite structures.

Mander，J. B.，Priestley，M. J. N.，Park，R.（1988）. Theoretical stress-strain model for confined concrete［J］. Journal of Structural Engineering，114（8）：1804-1826.

O'Shea，M. D.，Bridge，R. Q.（1998）. Tests on circular thin-walled steel tubes filled with medium and high strength concrete［J］. Australian civil engineering transactions，40：15.

O'Shea，M. D.，Bridge，R. Q.（2000）. Design of circular thin-walled concrete filled steel tubes［J］. Journal of Structural Engineering，126（11）：1295-1303.

Ozbakkaloglu，T.，Lim，J. C.，Vincent，T.（2013）. FRP-confined concrete in circular sections：Review and assessment of stress-strain models［J］. Engineering Structures，49（0）：1068-1088.

Paultre，P.，Legeron，F.，Mongeau，D.（2001）. Influence of concrete strength and transverse reinforcement yield strength on behavior of high-strength concrete columns［J］. ACI Structural Journal，98（4）：490-501.

Persson，B.（1999）. Poisson's ratio of high-performance concrete［J］. Cement and concrete research，29（10）：1647-1653.

Petrus，C.，Abdul Hamid，H.，Ibrahim，A.，Nyuin，J. D.（2011）. Bond strength in concrete filled built-up steel tube columns with tab stiffeners［J］. Canadian Journal of Civil Engineering，38（6）：627-637.

Petrus，C.，Hamid，H. A.，Ibrahim，A.，Parke，G.（2010）. Experimental behaviour of concrete filled thin walled steel tubes with tab stiffeners［J］. Journal of Constructional Steel Research，66（7）：915-922.

Prabhu，G. G.，Sundarraja，M. C.（2013）. Behaviour of concrete filled steel tubular（CFST）short columns externally reinforced using cfrp strips composite［J］. Construction and Building Materials，47：1362-1371.

Quach，W. M.，Teng，J. G.，Chung，K. F.（2008）.Three-stage full-range stress-strain model for stainless steels ［J］.Journal of structural engineering，134（9）：1518-1527.

Radhika，K. S.，Baskar，K.（2012）.Bond stress characteristics on circular concrete filled steel tubular columns using mineral admixture metakaoline ［J］.International Journal of Civil and Structural Engineering，3（1）：1-8.

Rashid，M. A.，Mansur，M. A.，Paramasivam，P.（2002）.Correlations between mechanical properties of high-strength concrete ［J］.Journal of Materials in Civil Engineering，ASCE，14（3）：230-238.

Richart，F. E.，Brandtzæg，A.，Brown，R. L.（1929）.The failure of plain and spirally reinforced concrete in compression. Illinois，USA：University of Illinois at Urbana Champaign.

Roeder，C. W.，Cameron，B.，Brown，C. B.（1999）.Composite action in concrete filled tubes ［J］.Journal of Structural Engineering，ASCE，125（5）：477-484.

Rutland，C. A.，Wang，M. L.（1997）.The effects of confinement on the failure orientation in cementitious materials experimental observations ［J］.Cement and Concrete Composites，19（2）：149-160.

Sadd，M. H.（2014）：Elasticity：Theory，applications，and numerics ［M］：Academic Press.

Saenz，L. P.（1964）.Equation for the stress-strain curve of concrete ［J］.ACI Journal，61（9）：1229-1235.

Saisho，M.，Abe，T.，Nakaya，K.（1999）.Ultimate bending strength of high-strength concrete filled steel tube column ［J］.Journal of Structural and Construction Engineering，AIJ，523（1）：133-140.

Sakino，K.，Hayashi，H.（1991）.*Behavior of concrete filled steel tubular stub columns under concentric loading* Paper presented at the The Third International Conference on Steel-Concrete Composite Structures，Fukoka，Japan.

Sakino，K.，Nakahara，H.，Morino，S.，Nishiyama，I.（2004）.Behavior of centrally loaded concrete-filled steel-tube short columns ［J］.Journal of Structural Engineering，ASCE，130（2）：180-188.

Schneider，S. P.（1998）.Axially loaded concrete-filled steel tubes ［J］.Journal of Structural Engineering，ASCE，124（10）：1125-1138.

Shahawy，M.，Mirmiran，A.，Beitelman，T.（2000）.Tests and modeling of carbon-wrapped concrete columns ［J］.Composites Part B：Engineering，31（6）：471-480.

Shakir-Khalil，H.（1993）.Resistance of concrete-filled steel tubes to pushout forces ［J］. Structural Engineer，71（13）：234-243.

Spoelstra，M. R.，Monti，G.（1999）.FRP-confined concrete model ［J］.Journal of Composites for Construction，ASCE，3（3）：143-150.

Su，R. K. L.，Wang，L.（2012）.Axial strengthening of preloaded rectangular concrete columns by precambered steel plates [J]. Engineering Structures，38，42-52.

Susantha，K. A. S.，Ge，H.，Usami，T.（2001）. Uniaxial stress-strain relationship of concrete confined by various shaped steel tubes [J]. Engineering Structures，23（10）：1331-1347.

Tang，J.，Hino，S.，Kuroda，I.，Ohta，T.（1996）. Modeling of stress-strain relationships for steel and concrete in concrete filled circular steel tubular columns [J]. Steel Construction Engineering，JSSC，3（11）：35-46.

Tao，Z.，Han，L. H.，Uy，B.，Chen，X.（2011）. Post-fire bond between the steel tube and concrete in concrete-filled steel tubular columns [J]. Journal of Constructional Steel Research，67（3）：484-496.

Tao，Z.，Han，L. H.，Wang，Z. B.（2005）. Experimental behaviour of stiffened concrete-filled thin-walled hollow steel structural（HSS）stub columns [J]. Journal of Constructional Steel Research，61（7）：962-983.

Tao，Z.，Uy，B.，Han，L. H.，Wang，Z. B.（2009）. Analysis and design of concrete-filled stiffened thin-walled steel tubular columns under axial compression [J]. Thin-Walled Structures，47（12）：1544-1556.

Teng，J. G.，Hu，Y. M.（2006）. Theoretical model for FRP-confined circular concrete-filled steel tubes under axial compression [J]. In：Proceedings，3rd international conference on FRP composites in civil engineering，Miami，Florida，USA，503-506.

Teng，J. G.，Hu，Y. M.，Yu，T.（2013）. Stress-strain model for concrete in frp-confined steel tubular columns [J]. Engineering Structures，49：156-167.

Teng，J. G.，Huang，Y. L.，Lam，L.，Ye，L. P.（2007a）. Theoretical model for fiber-reinforced polymer-confined concrete [J]. Journal of Composites for Construction，11（2）：201-210.

Teng，J. G.，Yu，T.，Wong，Y. L.，Dong，S. L.（2007b）. Hybrid frp-concrete-steel tubular columns：Concept and behaviour [J]. Construction and Building Materials，21（4）：846-854.

Uy，B.，Tao，Z.，Han，L. H.（2011）. Behaviour of short and slender concrete-filled stainless steel tubular columns [J]. Journal of Constructional Steel Research，67（3）：360-378.

Vincent，T.，Ozbakkaloglu，T.（2013）. Influence of fiber orientation and specimen end condition on axial compressive behavior of FRP-confined concrete [J]. Construction and Building Materials，47（0）：814-826.

Virdi，K. S.，Dowling，P. J.（1980）. Bond strength in concrete filled steel tubes [J]. IABSE Periodica，3：125-139.

Wang，Y. Y.，Geng，Y.，Ranzi，G.，Zhang，S. M.（2011）. Time-dependent behaviour of expansive concrete-filled steel tubular columns [J]. Journal of Constructional Steel Research，67（3）：471-483.

Xiao，Q. G.，Teng，J. G.，Yu，T.（2010）. Behavior and modeling of confined high-strength concrete [J]. Journal of Composites for Construction, 14 (3): 249-259.

Xiao, Y., He, W. H., Choi, K. K. (2005). Confined concrete-filled tubular columns [J]. Journal of structural engineering, 131 (3): 488-497.

Xiao, Y., Wu, H. (2000). Compressive behavior of concrete confined by carbon fiber composite jackets [J]. Journal of Materials in Civil Engineering, 12 (2): 139-146.

Xue, J. Q., Briseghella, B., Chen, B. C. (2012). Effects of debonding on circular cfst stub columns [J]. Journal of Constructional Steel Research, 69 (1): 64-76.

Yamamoto, K., Kawaguchi, J., Morino, S. (2002). Experimental study of the size effect on the behaviour of concrete filled circular steel tube columns under axial compression [J]. Journal of Structural and Construction Engineering, AIJ, 561: 237-244.

Young, B., Ellobody, E. (2006). Experimental investigation of concrete-filled cold-formed high strength stainless steel tube columns [J]. Journal of Constructional Steel Research, 62 (5): 484-492.

Yu, Z. W., Ding, F. X., Cai, C. S. (2007). Experimental behavior of circular concrete-filled steel tube stub columns [J]. Journal of Constructional Steel Research, 63 (2): 165-174.

顾威, 关崇伟, 赵颖华, 曹华. (2004). 圆 CFRP 钢复合管混凝土轴压短柱试验研究 [J]. 沈阳建筑工程学院学报: 自然科学版, 20 (2): 118-120.

韩林海. (2007). 钢管混凝土结构——理论与实践 [M]. 2 版. 北京: 科学出版社.

黄晖, 叶燕华, 杜艳静, 孙仁楼. (2010). 钢管自密实混凝土黏结滑移性能试验研究 [J]. 混凝土, 4, 23-27.

李庚英, 王湛. (2002). 膨胀混凝土在钢管约束下的力学性能以及微观特征 [J]. 四川建筑科学研究, 28 (3): 59-61.

李悦, 丁庆军, 胡曙光, 等. (2000). 钢管膨胀混凝土力学性能及其膨胀模式的研究 [J]. 武汉理工大学学报, 6: 25-28.

廖飞宇, 韩浩, 王宇航. (2019). 带环向脱空缺陷的钢管混凝土构件在压弯扭复合受力作用下的滞回性能研究 [J]. 土木工程学报, 52 (7): 57-68.

刘永健, 池建军. (2006). 钢管混凝土界面抗剪粘结强度的推出试验 [J]. 工业建筑, 36 (4): 78-80.

刘永健, 刘君平, 池建军. (2010). 钢管混凝土界面抗剪粘结滑移力学性能试验 [J]. 广西大学学报: 自然科学版, 35 (1): 17-23.

谭克锋. (2006). 钢管高强混凝土承载能力计算公式适用性分析 [J]. 西南科技大学学报, 21 (2): 7-10.

王湛. (2001). 高强钢管膨胀混凝土显微结构分析 [J]. 工业建筑, 31 (8): 57-59.

徐礼华, 吴敏, 周鹏华, 谷雨珊, 许明耀 (2017a). 钢管自应力自密实高强混凝土短柱轴心受压承载力试验研究 [J]. 工程力学, 34 (3): 93-100.

徐礼华, 徐方舟, 周鹏华, 等. (2016). 钢管自应力自密实高强混凝土中长柱受压性能试验研究 [J]. 土木工程学报, 49 (11): 26-34.

徐礼华，许明耀，周鹏华，等．（2017b）．钢管自应力自密实高强混凝土柱偏心受压性能
　　试验研究［J］．工程力学，34（7）：166-176．

薛立红，蔡绍怀．（1996）．钢管混凝土柱组合界面的粘结强度［J］．建筑科学，3，
　　22-28．

余志武，丁发兴，林松．（2002）．钢管高性能混凝土短柱受力性能研究［J］．建筑结构
　　学报，23（2）：41-47．

张素梅，王玉银．（2004）．圆钢管高强混凝土轴压短柱的破坏模式［J］．土木工程学
　　报，37（9）：1-10．

钟善桐．（2006）．钢管混凝土统一理论——研究与应用［M］．北京：清华大学出版社．